マスメディアの中の数学

小説・ドラマ・映画・漫画・アニメを解析する

馬場 博史
Hiroshi Baba

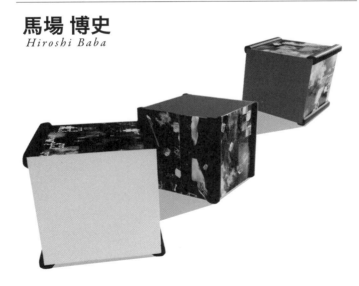

関西学院大学出版会

はじめに

　あの人気漫画「ドラえもん」(藤子・F・不二雄原作)の中にこんなひみつ道具がありました.

バイバイン　「小学三年生」(小学館) 1978 年 2 月号
ドラえもん「ひとつの栗まんじゅうが,5 分ごとに倍になると 1 時間でいくつになると思う?」
のび太　「さあ…,100 個ぐらい?」
ドラえもん「とんでもない! 4 千 96 個! 2 時間で 1677 万 7216,それからわずか 15 分で 1 億個をこすんだよ.」
　この計算は,1 時間が 5 分×12 なので,1 時間後 $2^{12} = 4096$,2 時間後 $2^{24} = 16777216$,その 15 分後 $2^{27} = 134217728$(1 億個を超す)という等比数列(または指数関数)の計算に基づいています.

フエール銀行　「小学四年生」(小学館) 1983 年 1 月号
ドラえもん「1 時間ごとに 1 割の利子がつくんだよ.」
のび太　「と,いうと?….」
ドラえもん「10 円が 1 時間後には 11 円になる.」
のび太　「なんだ,たったの 1 円.」
ドラえもん「2 時間で 12 円 10 銭,3 時間で 13 円 31 銭.8 時間で倍になり,1 日で約 100 円.1 週間預けっぱなしだと,9000 万円くらいになるんだよ.」
　この計算も,1 時間後 $10 \times 1.1 = 11$,2 時間後 $10 \times 1.1^2 = 12.1$,3 時間後 $10 \times 1.1^3 = 13.31$,8 時間後 $10 \times 1.1^8 = 21.44$(約 2 倍),1 日後 $10 \times 1.1^{24} = 98.50$(約 100 円),1 週間後 $10 \times 1.1^{(24 \times 7)} = 89943774.03$(9000 万円くらい)という等比数列(または指数関数)の計算に基づいています.

　小学生にとっては難しいお話なので,まるで魔法のように思えたことでしょう.「なぜこんな数になるのか」という疑問を持った子も多かったと思います.でもこの時点ではまだ理由はわかりません.後に高校で数学を学習したらこの話を理解することになります.

小説や漫画を読んでいるときに，自分の知らない数学の専門用語や数式が登場したとき，これは何を意味しているのだろうとか，これは本当に正しいのかなとか思って調べてみたことはありませんか．あるいは数学の問題を目にしたときに，自分で解こうとしたことはありませんか．ドラマや映画を観ているときは話がどんどん進んでしまってその場で立ち止まる時間はありませんが，あとでその数学の話題が気になって調べたり考えたりしたことはありませんか．そんな時，その内容や背景，解き方や正解を知ることができれば，その作品をより一層楽しむことができたといえるのではないでしょうか．

　きっかけは『博士の愛した数式』（小川洋子著，2003 年）でした．一般の人には馴染みのない数式
$$e^{i\pi}+1=0$$
が登場したのにベストセラーになりました．もちろんストーリーが個性的で，文章も面白かったからでしょう．この数式を「予期せぬ宙から π が e の元に舞い下り，恥ずかしがり屋の i と握手をする」と表現するなんて，日頃数学をやっている者にはとても思いつかないことだと感心したものです．ただ，読者の多くはなぜその数式が成り立つのかを知らないで読んでいたのではないでしょうか．

　数学に限らず，日本文で知らない用語が出てきたり，英文で知らない単語が出てきたりしたときに，話の前後関係から意味を推測するだけで，正しい意味を調べずに先へ進んでしまうことはよくあります．本当はきちんと理解しておく方が，文章をより正確に理解できるわけですが，調べるために一時中断するよりも，話の流れを止めない方がいいという場合が多いことでしょう．といっても言葉の意味程度なら調べるのは容易ですが，数学となるとそう簡単にはいきません．辞書で調べてすぐに「ははあ，なるほど」というわけにはいかないのです．

　そこである日思いついたのが，このような作品の中で登場した数学について話題にするブログを書くことでした．最初は「こんな作品にこんな数学が出てきました」というだけのつぶやきみたいな内容でした．たまたま自分が観賞した作品に数学が出て来たときだけ書くわけですから，日々更新というわけにもいきませんでした．しかし，少しずつ詳しく解説する話

はじめに

題も増え，ブログの読者もつき始め，さらにひとつ，またひとつと書き加えていくうちに，いつの間にかこれだけの話題が集まったというわけです．

　個々の作品によって数学のレベルが違いますが，必要な予備知識は特に決めていません．話の核心に入る前の予備知識の説明で時間をとり過ぎると，大筋が分からなくなってしまうことがあるからです．したがって，どの話題もある程度の予備知識を前提にしていますが，読者によって未習部分が違いますから，その部分は飛ばして読むか，必要な知識を学習してから読むか，どちらかになると思います．ただ，未習部分を飛ばして読んだとしても，どんな話なのかを知っておくだけでも価値がありますし，後になって必要な知識を得てから内容を理解できた時の喜びはさらに大きなものになるでしょう．

　映画やドラマのエンドロールをよく見ると，「方言指導」「時代考証」など，その道の専門家のアドバイスがあります．数学も同じように「数学指導」をする助言者がいますが，これまでに出会った作品に登場した数式や問題や解答にはけっこう間違いもありました．中にはこの場を借りて苦言を呈したものもあります．そういう私もこの本の中での解説や計算等が100％正しいという自信はありません．もし間違いを発見されたら教えていただけるとありがたいです．

　作品中で解かれていない問題は，ほとんど解いてみましたが，インターネットで検索したら何でも分かる時代ですから，そちらで容易に見つけられる解答や解説はなるべく重複しないようにしました．掲載順は年代の古い順とは限りません．最も多いのは高校入試や大学入試レベルの問題です．それらを，クイズを解くような感覚で挑戦してみてください．この本を少しでも多くの方に楽しんでいただけたら幸いです．

目 次

はじめに　*iii*

第 *1* 章　小説の中の数学　　　　　　　　　　　　　　　　　　　　*1*

小説	博士の愛した数式	*2*
小説	ダ・ビンチ・コード	*6*
小説	容疑者 X の献身	*8*
小説	数学的にありえない	*10*
小説	天地明察	*13*
小説	陽気なギャングが地球を回す	*17*
小説	φ は壊れたね	*19*
小説	マスカレード・ホテル	*23*
小説	左京区七夕通東入ル	*26*
小説	浜村渚の計算ノート	*30*
小説	陽気なギャングの日常と襲撃	*33*
小説	お任せ！　数学屋さん	*35*
小説	風が強く吹いている	*38*

Column 1　　小説編　*41*

第 *2* 章　ドラマの中の数学　　　　　　　　　　　　　　　　　　　*47*

ドラマ	ガリレオ	*48*
ドラマ	チーム・バチスタ 3 「アリアドネの弾丸」第 3 話	*51*
ドラマ	水戸黄門 「難問ぞろいの算術対決」	*53*
ドラマ	古畑任三郎 「笑うカンガルー」	*60*
ドラマ	数学女子学園	*62*
ドラマ	梅ちゃん先生 #30　もつべきものは友（6）	*68*
ドラマ	リッチマン，プアウーマン　4 話	*70*
ドラマ	高校入試 第 3 話	*73*

ドラマ	ビブリア古書堂の事件手帖 第3話	75
ドラマ	イタズラな Kiss	77
ドラマ	SPEC ～零～（スペック ゼロ）	80
ドラマ	ハード・ナッツ！	82
ドラマ	名探偵・神津恭介 ～影なき女～	84
ドラマ	浅見光彦シリーズ 「不等辺三角形」	89
ドラマ	すべてがFになる	98
ドラマ	スペシャリスト3	100
ドラマ	デート ～恋とはどんなものかしら～	104
ドラマ	ドラゴン桜	108

Column 2 ドラマ編　110

第3章　映画の中の数学　113

映画	おもひでぽろぽろ　Only Yesterday	114
映画	プルーフ・オブ・マイ・ライフ	116
映画	ダ・ビンチ・コード	118
映画	サマー・ウォーズ	121
映画	スパイアニマル・Gフォース	123
映画	カイジ 人生逆転ゲーム	125
映画	猿の惑星：創世記（ジェネシス）Rise of the Planet of the Apes	127
映画	武士の家計簿	129
映画	天地明察	132
映画	容疑者Xの献身	135
映画	真夏の方程式	138
映画	イミテーションゲーム エニグマと天才数学者の秘密	141
映画	ルパン三世（実写版）	144
映画	ST 赤と白の捜査ファイル	146

Column 3 映画編　150

目　次

第4章　漫画アニメの中の数学　　　155

　　漫画　　陰陽師　6 貴人　*156*
　　アニメ　金田一少年の事件簿 R　第 23 話　*159*
　　漫画　　数学女子　第 1 巻　*161*
　　漫画　　暗殺教室　第 14 巻　*166*
　　アニメ　終物語（オワリモノガタリ）　*171*
　　漫画　　和算に恋した少女　第 2 巻　*174*

　Column 4 　　漫画アニメ編　*180*

第5章　その他のマスメディアの中の数学　　　183

　　NEWS　史上最大の素数発見　1742 万 5170 桁　*184*
　　NEWS　日米解けるか "四次方程式"
　　　　　　12 日から TPP 首席交渉官会合　*186*
　　エッセイ　思考の整理学　*188*
　　お笑い　　算数の文章題　*191*

　Column 5 　　その他のマスメディア編　*193*

参考文献と参考サイト　*195*
作品名一覧（掲載順）　*196*
おわりに　*199*

第 **1** 章

小説の中の数学

小説　博士の愛した数式

著作　小川洋子　2003年　新潮社

オイラーの等式　ネイピア数　完全数

　事故のため80分しか記憶が持続しない元大学教授と家政婦親子の交流の話です．数学ブームの火付け役になったという点で，総合すると大変良い作品だと思います．小説に登場した博士の愛した数式はこの式でした．

$$e^{i\pi} + 1 = 0$$

　e はネイピア数[*1]，π は円周率，i は虚数単位です．どれもそれだけで1冊の本になるほどの数学定数が登場しています．一般にオイラーの公式[*2]（Euler's Formula）は

$$e^{i\theta} = \cos\theta + i\sin\theta$$

のことをいい，それに $\theta=\pi$ を代入して得られる上の式はオイラーの等式（Euler's Identity）と呼ばれています．
　オイラーの公式は物理学者のファインマン[*3]が「人類の至宝（Our Jewel）」と呼んだというほど重要な公式ですが，なぜこの式が成り立つのでしょうか．多くの読者はその理由をを知らないで読んだのではないでしょうか．オイラーの公式だけでも1冊の本になるほどです（というより

(*1)　自然対数の底．ジョン・ネイピア（John Napier 1550-1617）
(*2)　レオンハルト・オイラー（Leonhard Euler 1707-1783）
(*3)　リチャード・フィリップス・ファインマン（Richard Phillips Feynman 1918-1988）

何冊も出ています）が，ここで簡単にこの式が成り立つ理由を見てみましょう．

左辺は虚数乗なので，高校では出てこない内容ですが，大学の教養課程の数学でテイラー級数[*4]を学習すれば導くことができます．日本の世界的数学者高木貞二（1875-1960）は，著書『解析概論』の中で「Taylor 級数は解析学において最も重要である」と述べています．

テイラー級数は，関数を無限和

$$f(x) = f(a) + f'(a)(x-a) + \frac{f''(a)}{2}(x-a)^2 + \frac{f^{(3)}(a)}{3!}(x-a)^3 + \cdots\cdots \quad (1)$$

で表したものですが，そのうち $a=0$ の場合の無限和

$$f(x) = f(0) + f'(0)x + \frac{f''(0)}{2}x^2 + \frac{f^{(3)}(0)}{3!}x^3 + \cdots\cdots \quad (2)$$

をマクローリン級数[*5]といいます．

e^x, $\cos x$, $\sin x$ などの関数はこの式で表すことができます．
（理由）関数 $f(x)$ が次式で表されるものとします．

$$f(x) = a_0 + a_1 x + a_2 x^2 + a_3 x^3 + \cdots\cdots \quad (3)$$

式（3）の両辺に $x=0$ を代入すると，$f(0) = a_0$
式（3）を x で微分して $x=0$ を代入すると，$f'(0) = a_1$
式（3）を x で 2 回微分して $x=0$ を代入すると，$f''(0) = 2a_2$
式（3）を x で 3 回微分して $x=0$ を代入すると，$f^{(3)}(0) = 3! \times a_3$
以下同様にして式（3）を書き換えると式（2）になります．これがマクローリン級数と呼ばれる式です．

(*4) ブルック・テイラー（Brook Taylor 1685-1731）
(*5) コリン・マクローリン（Colin Maclaurin 1698-1746）

式(2)より，$f(x)=e^x$ をマクローリン級数で表すと，

$$e^x = 1+x+\frac{x^2}{2}+\frac{x^3}{3!}+\frac{x^4}{4!}+\frac{x^5}{5!}+\cdots\cdots$$

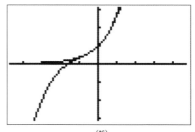

$y=e^x$ のグラフと右辺の 4 項目までのグラフ[*6]

式(2)より，$f(x)=\cos x$ をマクローリン級数で表すと，

$$\cos x = 1-\frac{x^2}{2}+\frac{x^4}{4!}-\frac{x^6}{6!}+\cdots\cdots$$

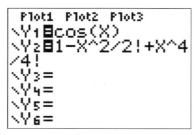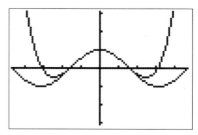

$y=\cos x$ のグラフと右辺の 3 項目までのグラフ

式(2)より，$f(x)=\sin x$ をマクローリン級数で表すと，

$$\sin x = x-\frac{x^3}{3!}+\frac{x^5}{5!}-\frac{x^7}{7!}\cdots\cdots$$

[*6] TI84 というグラフ電卓を使っています．

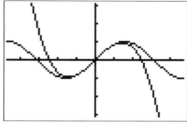

y = sin *x* のグラフと右辺の 2 項目までのグラフ

以上すべて $x=0$ の近くで重なっていますが，右辺の項数を無限に増やすとすべての範囲で重なります．

ここで e^x の x を ix に変えると，

$$e^{ix} = 1 + ix + \frac{(ix)^2}{2} + \frac{(ix)^3}{3!} + \frac{(ix)^4}{4!} + \frac{(ix)^5}{5!} + \cdots\cdots$$

$$= 1 + ix - \frac{x^2}{2} - \frac{ix^3}{3!} + \frac{x^4}{4!} + \frac{ix^5}{5!} + \cdots\cdots$$

$$= \left(1 - \frac{x^2}{2} + \frac{x^4}{4!} + \cdots\cdots\right) + i\left(x - \frac{x^3}{3!} + \frac{x^5}{5!} + \cdots\cdots\right)$$

$$= \cos x + i\sin x$$

となり，オイラーの公式が成り立つことが確かめられました．

さて，この作品には完全数（その数以外の約数の総和がその数になるもの）の代表としてプロ野球元阪神タイガースの投手江夏豊の背番号 28 が登場しました．

$$1+2+4+7+14=28$$

最も小さい完全数は 6 です．6 以外の約数 1，2，3 を加えると 6 になります．

$$1+2+3=6$$

阪神タイガースの背番号 6 番といえば 1981 年に打率 .358 で首位打者を獲得した藤田平を思い出す人もいるでしょう．同じ時代の選手の中で個人の好みを言わせてもらえば，派手な江夏より地味な藤田を取り上げてほしかったと思います．

小説　ダ・ビンチ・コード

著作　Dan Brown　2004年　角川書店

円周率π　黄金比φ

　黄金比は古代から最も美しい比率とされ，有名な建築物や美術作品に多用されています．円周率がギリシャ文字π (PI) で表されるのと同様に，黄金比の値

$$\frac{1+\sqrt{5}}{2} (\fallingdotseq 1.618)$$

もギリシャ文字φ (PHI) で表されます．主役の大学教授ロバート・ラングドンが黄金比についての講義をしていた場面で，数学専攻の学生ステットナーの台詞が次のように訳されていました．

「私立探偵（PI）と混同しないでくださいよ．」ステットナーはにやりと笑って付け足した．「僕ら数学をやっている者はよくこういうんです．黄金比(PHI)はHがあるおかげでPIよりずっと切れ者だってね！」

　ここでなぜ「私立探偵」が出てくるのか変に思えたので，原文を調べてみると，

"Not to be confused with PI," Stettner added, grinning. "As we mathematicians like to say: PHI is one H of a lot cooler than PI!"

となっていました．それなら

6

「PIと混同しないでくださいよ.」ステットナーはにやりとして付け加えた.「僕ら数学をやっている者はよくこういうんです. PHI は PI より H が一文字多い分だけいかしてるんだよってね」
の方が適切ではないかと思いました.

同じ疑問を持った読者から，この部分は誤訳ではないかと指摘された訳者のコメントが角川グループパブリッシングのホームページに載っていて，PI を「私立探偵 (Private Investigator)」にするか「π(PI)」にするか迷ったと書かれていたのですが，やはりここは数学専攻の学生の台詞でもありますから，π(PI) の方が適切だと思いました.

ところで，円周／直径＝π よりも円周／半径＝τ（タウ）を使うべきだと主張する研究者がいます. τ を使えば既知の公式等がシンプルになるというわけです. 例えば次のようになります.

円周	$2\pi r = \tau r$
360°	2π（ラジアン）＝τ（ラジアン）
周期	$\sin\theta = \sin(\theta+2\pi) = \sin(\theta+\tau)$
オイラーの等式	$e^{2i\pi} = 1 \Leftrightarrow e^{i\tau} = 1$
円の面積	$\pi r^2 = \dfrac{1}{2}\tau r^2$

確かにすっきりするところもありますが，π の歴史と認知度が大きすぎて普及するのは難しいでしょうね.

小説　容疑者Xの献身

著作　東野圭吾　2005年　文藝春秋

四色定理（四色問題）リーマン予想

　ずんぐりした体型で，顔も丸く，大きい．そのくせ目は糸のように細い．頭髪は短くて薄く，そのせいで50歳近くに見えるが，実際はもっと若いのかもしれない．身なりは気にしないたちらしく，いつも同じような服ばかり着ている．

　このようにこの小説では，物理学者がかっこよく描かれてあるのに対し，数学の教師はダサく描かれてありました．数学者とか数学の先生だとかは，一般にはこういうイメージなのかと少し残念に思います．映画では二枚目の堤真一という俳優が演じていました．しかもこの俳優は，ドラマ「やまとなでしこ」で数学者の役をしていました．

　リーマン予想[*7]とは，現在の数学で最も有名だといわれている難問だ．

　リーマン予想を一言でいうと，「ゼータ関数の自明でない零点の実数部分はすべて 1/2 である」という予想で，アメリカのクレイ研究所が，証明できれば賞金100万ドルを出すという7つのミレニアム問題の1つです．

(*7)　ゲオルク・フリードリヒ・ベルンハルト・リーマン（Georg Friedrich Bernhard Riemann 1826-1866）

ゼータ関数とは，次式で表される関数のことをいいます．

$$\zeta(s) = \sum_{n=1}^{\infty} \frac{1}{n^s} = 1 + \frac{1}{2^s} + \frac{1}{3^s} + \frac{1}{4^s} + \cdots\cdots$$

零点とは，関数 = 0 の解を意味しますから，例えば二次方程式の解は二次関数の零点です．したがって，ゼータ関数の零点は，$\zeta(s) = 0$ を満たす s のことをいいます．「自明な解」というのは「明らかな解」という意味ですが，この場合は負の偶数のことです．$\zeta(負の偶数) = 0$ は上の式ではすぐに分かりませんが，リーマンの示した $\zeta(s)$ の満たす関数方程式（Γ はガンマ関数）

$$\zeta(s) = 2^s \cdot \pi^{s-1} \cdot \sin\frac{\pi s}{2} \cdot \Gamma(1-s) \cdot \zeta(1-s)$$

の s に負の偶数を代入すると，

$$\sin\frac{\pi s}{2} = 0$$

となることから，$\zeta(負の偶数) = 0$ が容易に証明されるので，負の偶数が自明な解とされています（ちっとも自明じゃないですよね）．そして，s を複素数の場合にも拡張して考えた場合，$\zeta(s) = 0$ を満たす複素数の実数部分はすべて 1/2 になるだろうという予想です．

殺人事件の解決が主題の推理小説で，ここまで数学を詳しく解説する必要はないのですが，数学の用語を使用する限り，簡単でもいいので読者にその用語の説明をしてほしいと思いました．

小説　数学的にありえない

著作　アダム ファウアー　2009 年　文藝春秋

確率　誕生日問題

超能力を得た天才数学者のケインが，彼をねらう研究者たちの執拗な追跡を切り抜けてゆくという話です．

「(60 人の) このクラスに同じ誕生日の者が少なくとも 2 人以上いる確率は，99.4％ ということになります」
「10 人だったとしたら…」
「約 12％ です」

「少なくとも 2 人以上誕生日が一致する」確率は，2 人，3 人，4 人，…，n 人まですべての場合を考えて加えなければならないので計算が大変です．なので，この否定「誰も一致しない」という場合を考えて，1 から引きます．

まず 2 人の場合，一方の誕生日に他方が一致しない確率は 364/365．これが「2 人が一致しない」確率です．

3 人の場合，ある 1 人の誕生日にほかの 1 人が一致しない確率は 364/365 で，もう 1 人がほかの 2 人に一致しない確率は 363/365 です．3 人ともに一致しないためにはそのどちらも起こらなければいけないので，

$$\frac{364}{365} \cdot \frac{363}{365} = \frac{364!}{365^2 \cdot (364-2)!} = \frac{365!}{365^3 \cdot (365-3)!}$$

ただし，$n! = n(n-1)(n-2)(n-3)\cdots 3 \cdot 2 \cdot 1$　（n の階乗）

第1章 小説の中の数学

これを繰り返すので，n 人のうち誰も一致しない確率は

$$\frac{365!}{365^n \cdot (365-n)!}$$

よって，n 人の中に同じ誕生日の者が少なくとも2人以上いる確率 P は，

$$P = 1 - \frac{365!}{365^n \cdot (365-n)!}$$

という式で求められます．

これを電卓に計算させようとすると OverFlow というエラーになるので，グラフ電卓でプログラムを作成して計算させました．

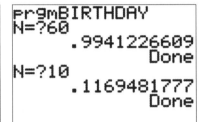

60人だったら 99.4%，10人だったら 11.7% になるので約 12% と答えたわけです．人数が少なくても意外に高くて，20人なら 41.1%，23人で 50% を超えます．このように少数でも驚くほど高いので，Birthday Paradox と呼ばれています．

グラフ電卓がなければ，WolframAlpha という何でも計算してくれるサイト（https://www.wolframalpha.com/）が便利です．

11

と入力すれば，
Input:

$$1 - \frac{365!}{365^{60}(365-60)!}$$

Decimal approximation:

$$0.9941\cdots\cdots$$

と答えてくれます．WolframAlpha はすごい！

　この講義の先生は「自分は 60 人のクラスに同じ誕生日の者が少なくとも 2 人以上いるほうに 5 ドル賭けようじゃないか．受けて立つかね？」といって自分は 99.4％のほうに賭け，学生には 0.6％のほうに賭けさせ，まんまと金を手にします．正解を知らない学生を相手にこんなことをするとはずるい先生です．

小説　天地明察

著作　冲方　丁　2009年　角川書店

和算／算術／算学

江戸時代，新しい暦を作るために奮闘した囲碁棋士，渋川春海（1639-1715）の話です．作品中に問題が3問あり，その都度先を読まずに解いてみました．

[問題1]　辺の長さがが9, 12, 15の直角三角形に2点で内接する半径の等しい2つの円が互いに外接しているとき，円の直径を求める問題．

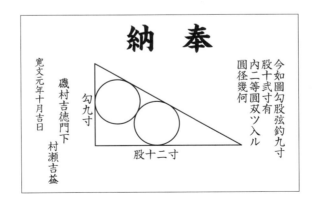

これは円の半径をr，円の接線の長さをx, yとおいて連立方程式をつくれば解くことができます．

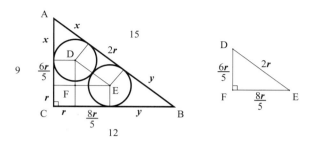

△ABC ∽ △DEF（3:4:5 の直角三角形）なので，連立方程式は，

$$AC: x+\frac{6r}{5}+r=9 \quad (1)$$

$$CB: r+\frac{8r}{5}+y=12 \quad (2)$$

$$AB: x+2r+y=15 \quad (3)$$

(1) + (2) − (3) を計算すると，

$$\frac{14r}{5}=6$$

よって，$r=\frac{15}{7}$ となるので，直径は $2r=\frac{30}{7}$ となります．

[問題2] 大正方形と小正方形が図のように重なっていて，2つの正方形の対角線の長さの比が 30/7 のとき，それぞれに内接する小円と大円が重なっている部分を図のように2等分する線分の長さを求める問題．

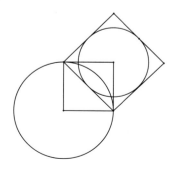

これは一見して2つの正方形の対角線の長さの比は30:7ではなく，$\sqrt{2}:1$ のはずなのでおかしいと思ったら，やはりその後に問題が間違っていたことが書かれていました．ちなみに $\sqrt{2}:1$ で計算すると，この長さは小円の半径を1とした場合，$\sqrt{2}-1$ になります．ただこれは算術の名人に出すにはあまりにも簡単です．

[問題3]　15個の大きさの異なる円があり，それらの周の長さはある数列になっていて，小さい順に a_1 から a_{15} として，
$$a_1 + a_2 = 10$$
$$a_5 + a_6 + a_7 = 27.5$$
$$a_{11} + \cdots + a_{15} = 40$$
のとき，a_1 を求める問題．

これは等差数列 $a_n = a_1 + (n-1)d$（d は公差）か等比数列 $a_n = a_1 \cdot r^{n-1}$（r は公比）かと思って解こうとすると，一般項の未知数が2つなので，条件式が3つも必要ないということになります．したがって，これは等差数列でも等比数列でもなく，一般項が「未知数3つの式」になると考えて解かなくてはいけません．未知数が3つの式なんていくらでもありますが，いずれにしても計算が超大変になりそうなので逡巡していたら，この問題を考察した論文(*8)が見つかりました．それによると，一般項を n の二次式 $a_n = pn^2 + qn + r$ と想定して正解を得ていました．

この出典はある神社に奉納された算額に実際に書かれていた問題で，小

(*8)　「情報教育の視点から見た和算に関する考察」菊地章・井出健治『鳴門教育大学情報教育ジャーナル』第5巻，2008年．

説ではこの値を変えたものでした．ところがオリジナルの問題では解があったのに，この小説で値が変えられた問題には解がなかったようです．数学の問題を作るときに，既存の問題の数字だけを変えて作り直すことはよくありますが，正解の確認はきちんとしてほしいですね．映画ではミスがなければいいのですが……．

ちなみに解のあるオリジナルの問題は以下のとおりです．解いてみてください．

$$a_1 + a_2 = 16$$
$$a_5 + a_6 + a_7 = 30$$
$$a_{11} + \cdots + a_{15} = 63$$

（オリジナル問題の正解　$a_1 = 7.763321\cdots$）

小説　陽気なギャングが地球を回す

著作　伊坂幸太郎　2003 年　祥伝社

割り算　ゼロで割る

特殊能力をもつ 4 人組が，決して人を傷付けることなく銀行強盗をするという話です．

「6 万円を 3 人の強盗で分けると 2 万円になる」
「割り算というのはギャングの分け前を計算するためのものなんだよ」

$$a = b$$
$$a^2 = ab$$
$$a^2 + a^2 - 2ab = ab + a^2 - 2ab$$
$$2a^2 - 2ab = a^2 - ab$$
$$2(a^2 - ab) = a^2 - ab$$
$$2 = 1$$

「ゼロで割るってことはどういうことか」
「盗んだお金を誰も手に入れられないってことね」

この文字式の変形は，間違いを探させるのによく見られる例ですね．最後の変形で，両辺を $a^2 - ab (= 0)$ で割っているので，このように矛盾した結果になります．

「0 で割ってはいけない」とか「0 で割ることはできない」とよく聞きますが，なぜなのでしょうか．小学生の子どもをもつ親が聞かれて困る質問のベスト 3 にはいるのではないでしょうか．理由として，極限を考えると

か，解が存在すると矛盾がおこるとか，いろいろと形式的な解説はよくありますが素直に納得しにくいものです．実はこれらはすべて一貫した考えに基づけば簡単に説明できます．それは「何́かを求めるために意味がある̇から計̇算̇を̇する̇」ということです．

割り算には「等分除」と「包含除」の2つの意味があります．「等分除」は，例えば6個の物を2人で分けるとか3人で分けるなど，文字通り「等分すること」です．ただしこれは割る数が正の整数に限られます．一方「包含除」は，例えば6の中に1/2はどれだけ含まれているかというように，割る数がどれだけ割られる数に含まれているかという意味で，この場合は割る数が正の整数とは限りません．

0で割るということはこれら2つの意味のどちらにも当てはまりません．0人で分けることもしないし，0がどれだけ含まれているかなど考える必要はないのです．だから「0で割ってはいけない」または「0で割ることはできない」のではなく，何かを求めるために意味のある計算として「0で割るということはしない」のです．

$$0/0 \quad x/0 \quad \infty/0$$

小説　φは壊れたね

著作　森　博嗣　2004 年　講談社

相関係数　空集合　φ関数

　N 大学工学部建築学科大学院生の西之園萌絵が，密室殺人事件を学生たちと解決していく話です．

　「ちょっと寄り道していっても，良いですか？」
　「どこへ？」
　「いえ，通り道ですけれど，途中で，ちょっとだけ」
　「どこ？　言いなさい．なにか後ろめたいんだ」
　「あれ，どうして，わかるんですか？」
　「貴女の顔，見ていたらわかる」
　「顔，見てないじゃないですか」西之園は言った．国枝はずっと前を向いたままだ．
　「声で，顔がわかる」
　「へえ……，相関係数がかなり落ちそうですね．それは」

　相関係数といえば普通「ピアソンの積率相関係数」[*9]のことをいいます．この定義式は高校数学Ⅰの教科書に載っています．統計用語では n 個のデータからなる確率変数 X と Y があり，それらの共分散をそれぞれの標準偏差の積で割ったものになります．この値の意味を言い換えると，2 つ

[*9]　カール・ピアソン（Karl Pearson 1857-1936）

の n 次元ベクトルの内積をそれらの大きさの積で割ったものになりますから，相関係数は2つのベクトルのなす角の余弦（$\cos\theta$）にあたります．$-1 \leq \cos\theta \leq 1$ なので，1に近ければ正の相関が大きく，-1 に近ければ負の相関が大きく，0に近ければ相関が小さいということになります．つまり，$\cos\theta$ が1に近ければなす角は小さい（0°に近い）ので，ほとんど同じ方向を向いています．$\cos\theta$ が -1 に近ければなす角は大きい（180°に近い）ので，ほとんど逆の方向を向いています．$\cos\theta$ が0に近ければなす角は90°に近いので，ほとんど別の方向を向いています．例えば，50m走と走り幅跳びの記録は正の相関が強く，失業率と経済成長率は負の相関が強く，数学の成績と身長は相関がほとんどないですね．

　もう少し前後を読まないと分かりにくいかもしれませんが，ここでの「相関係数」という言葉の使い方はちょっとおかしいと思いました．「かなり落ちる」といっても -1 より小さくはなりません．ここでは「声で，顔がわかる」ということだったので，「へえ……，私の声と顔は相関係数が高いんですね」のほうが適切ではないでしょうか．

　　「ϕ っていうのは，何に使う記号ですか？」鵜飼は西之園と国枝を見てきいた．
　　「決まっていません」西之園が答える．「よく使うというと，関数の名前かしら」
　　「空集合」国枝が珍しく口をきいた．

　PHI の小文字は ϕ と φ の2種類の字形があります．この文字がよく使われる例として，空集合，黄金比の値（PHI）があります．大文字の Φ は標準正規分布の累積分布関数としてよく使われます．酷似していますが，ロジスティック分布の累積分布関数はロジスティック関数になります．画像検索してみてください．
　また，"Phi" は米米CLUBの10枚目のアルバムのタイトルでもありますね．

　よく使うということはないですが，関数の名前なら「オイラーの φ 関数（オイラーのトーシェント関数）」というものがあります．n を正の整数とし

て $\varphi(n)$ は，n 以下の整数のうち n と互いに素な（1 以外に公約数をもたない）ものの個数を表します．例えば，4 以下の正の整数で 4 と互いに素なものは 1 と 3 の 2 個なので

$$\varphi(4)=2$$

となります．$n=12$ なら，12 以下で 12 と互いに素なものは 1 と 5 と 7 と 11 の 4 個なので

$$\varphi(12)=4$$

となります．n が素数 p のときは，1 から $p-1$ までのすべてが p と互いに素なので

$$\varphi(p)=p-1$$

となります．

　素数も含めて正の整数すべての場合で $\varphi(n)$ を求める式は少し難しいですが，求める式はこちらです．$\prod$（π の大文字）は積の記号です．

$$\phi(n)=n\prod_{i=1}^{k}\left(1-\frac{1}{p_i}\right)$$

（ただし，p_i は n の素因数）

簡単に言えば，n を素因数分解したときの素因数を，$p_1, p_2, \cdots p_k$ としたとき，n と $\left(1-\dfrac{1}{pi}\right)$ をすべて掛け算したものになります．例えば，$4=2^2$ なので $p_1=2$ だから，

$$\phi(4)=4\cdot\left(1-\frac{1}{2}\right)=2$$

となります．$n=12$ なら，$12=2^2\times 3$ なので $p_1=2$，$p_2=3$ だから，

$$\phi(12)=12\cdot\left(1-\frac{1}{2}\right)\cdot\left(1-\frac{1}{3}\right)=4$$

となり，上の結果と一致します．これなら大きな数でも求められますね．例えば，$n=480$ のとき，480 以下の整数のうち 480 と互いに素なものをすべて数えるのは大変ですが，この式を使うと，$480=2^5\times 3\times 5$ なので，

$$\phi(480) = 480 \cdot \left(1 - \frac{1}{2}\right) \cdot \left(1 - \frac{1}{3}\right) \cdot \left(1 - \frac{1}{5}\right) = 128$$

と容易に求められます．

　それにしてもこの小説の登場人物は，戸川とか，加部谷（かべや）とか，海月（くらげ）とかで読みにくかったです．

小説　マスカレード・ホテル

著作　東野圭吾　2011 年　集英社

緯度　経度

「三番目の数字で検索していただけますか」
尚美の声は震えた．
地図の真ん中には，ホテル・コルテシア東京の文字があった．
「次の犯行現場がこちらのホテルだということは明白でしょう？」

　地球はほぼ球であるとして考えましょう．任意の地点の緯度（Latitude）は，「球の中心とその点を結ぶ線分」と赤道面とのなす角で［$-90, 90$］の値で表します．経度（Longitude）はグリニッジ子午線とその点を通る子午線とのなす角で［$-180, 180$］の値で表します．
　ただし，子午線とは北極と南極を球面上で結ぶ半円のことで，北＝子（ねずみ）と南＝午（うま）が語源です．

　犯人は次の犯行現場を緯度・経度で予告しました．実際に小説に出てきた数字で場所（35.678738, 139.788585）を調べたら，東京都首都高速 9 号深川線と隅田川の交差している地点でした．もちろんフィクションですから実際にホテルはありません．

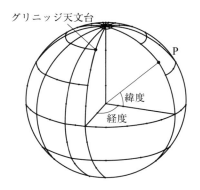

〈(緯度, 経度) で表した場所の例〉
◇ (51.477222, 0) = グリニッジ天文台 (Royal Greenwich Observatory)
◇ (0, 0) = アフリカのガーナ南約 500km の大西洋上，グリニッジ子午線 (本初子午線) と赤道の交点．
◇ (0, 180) = ハワイの南西約 3000km の太平洋上，日付変更線と赤道の交点．
◇ (34.649395, 135) = 明石市立天文科学館
◇ (−34.649395, −45) = 日本 (明石市立天文科学館) と正反対の地球の裏側で，南米ウルグアイの西約 1000km の大西洋上．

球座標 (Spherical Polar Coordinates) または三次元極座標 (3D Polar Coordinates) は，普通は次の図のように (r, θ, φ) で表します．xy 平面は赤道面にあたります．θ は極角といいますが，90° から緯度を引いたものなので余緯度とも呼ばれます．φ は方位角といい，経度にあたります．直交座標との関係は，$x = r\sin\theta\cos\varphi, y = r\sin\theta\sin\varphi, z = r\cos\theta$ となります．

第1章 小説の中の数学

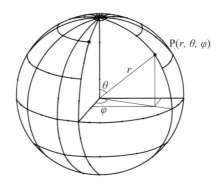

　数学でよく使う直交座標は，1637年に発表された「方法序説」において平面上の座標の概念を確立したデカルト[*10]の名をとってデカルト座標（Cartesian coordinates）ともいいます．

(*10) 　ルネ・デカルト（René Descartes 1596-1650）

小説　左京区七夕通東入ル

著作　瀧羽麻子　2009 年　小学館

ピタゴラスの定理

　新しい定理を発見した場合はその本人の名前がつけられることが多いという話を聞いた．ピタゴラスの定理とかオームの法則とか，いくつかそれらしいものは思い当たる．

　理学部数学科の学生が準主役の話なのに，数学の用語がほとんど出てきませんでした．主役が文学部の学生だからかも知れません．ピタゴラスの定理は，ピタゴラスが発見したのではないという説が有力です．もっと以前から知られていたとか，ピタゴラスの弟子が発見したとか言われています．[*11]

　私も自分でちょっとした結果を得たことがあるのですが，ほかに同じ内容を見たことがないので勝手に自分の名前を付けて Baba's Theorem と呼んで悦に入っています．

Baba's Theorem

　偏角が θ である複素数 z の絶対値が $r = \exp\left(\dfrac{-\theta \cdot \cos\theta}{\sin\theta}\right)$ であるとき，すな[*12]

[*11]　ピタゴラス（Pythagoras BC582-BC496）
[*12]　$\exp(x)$ は e^x を意味します．

わち，
$$z = \exp\left(\frac{-\theta \cdot \cos\theta}{\sin\theta}\right)(\cos\theta + i\sin\theta)$$
のとき，z^z（z の z 乗）は実数になり，次の値になる．
$$z^z = \exp\left\{-\frac{\theta}{\sin\theta} \cdot \exp\left(\frac{-\theta \cdot \cos\theta}{\sin\theta}\right)\right\}$$

（証明）
複素数 $z = r(\cos\theta + i\sin\theta) = re^{i\theta}$ として自然対数をとると(*13)，
$$\begin{aligned}\log z &= \log\{r(\cos\theta + i\sin\theta)\} \\ &= \log(re^{i\theta}) \\ &= \log r + \log e^{i\theta} \\ &= \log r + i\theta\end{aligned}$$
よって，
$$\begin{aligned}z\log z &= r(\cos\theta + i\sin\theta)(\log r + i\theta) \\ &= r\{\log r \cdot \cos\theta - \theta \cdot \sin\theta + i(\log r \cdot \sin\theta + \theta \cdot \cos\theta)\} \quad (1)\end{aligned}$$
$z^z = e^{z\log z}$ なので，z^z が実数になるということは，$z\log z$ が実数になるということ，すなわち（1）の虚数部分が 0 になるということなので，
$$\log r \cdot \sin\theta + \theta \cdot \cos\theta = 0$$
$$\log r \cdot \sin\theta = -\theta \cdot \cos\theta$$
$$\log r = \frac{-\theta \cdot \cos\theta}{\sin\theta} \quad (2)$$
$$r = \exp\left(\frac{-\theta \cdot \cos\theta}{\sin\theta}\right) \quad (3)$$
よって複素数 z が，
$$z = \exp\left(\frac{-\theta \cdot \cos\theta}{\sin\theta}\right)(\cos\theta + i\sin\theta)$$

(*13) 自然対数は常用対数と区別するために "ln" を使うのが世界標準ですが，ここでは日本の高校数学Ⅲに合わせて "log" を使っています．

のとき，(2) と (3) を (1) に代入すると，

$$z\log z = \exp\left(\frac{-\theta \cdot \cos\theta}{\sin\theta}\right)\left\{\left(\frac{-\theta \cdot \cos\theta}{\sin\theta}\right) \cdot \cos\theta - \theta \cdot \sin\theta\right\}$$

$$= \exp\left(\frac{-\theta \cdot \cos\theta}{\sin\theta}\right)\left\{\left(\frac{-\theta \cdot \left(\cos^2\theta + \sin^2\theta\right)}{\sin\theta}\right)\right\}$$

$$= -\frac{\theta}{\sin\theta} \cdot \exp\left(\frac{-\theta \cdot \cos\theta}{\sin\theta}\right)$$

という実数になるので，z^z も実数になり，次の値になります．

$$z^z = e^{z\log z} = \exp\left\{-\frac{\theta}{\sin\theta} \cdot \exp\left(\frac{-\theta \cdot \cos\theta}{\sin\theta}\right)\right\}$$

(証明終り)

複素平面上に条件を満たす複素数をプロットしてみます．

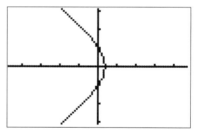

条件を満たす虚数の分布 ($-\pi < \theta < \pi$ のとき)

特に $\theta = \frac{\pi}{2} + n\pi$ （n は整数）のときは，z は純虚数となり，このとき絶対値は $r = \exp\left(\frac{-\theta \cdot \cos\theta}{\sin\theta}\right) = 1$ となって，z^z が実数になる純虚数は $\pm i$ になります．上のグラフの虚軸との交点が $\pm i$ です．

$\theta = \frac{\pi}{2} + 2n\pi$ （n は整数）でこの条件を満たす z，すなわち $z = i$ のとき，

$$z\log z = i\log i = i\left\{\log 1 + \left(\frac{\pi}{2} + 2n\pi\right)i\right\} = -\left(\frac{\pi}{2} + 2n\pi\right)$$

なので，
$$z^z = i^i = e^{i\log i} = \exp\left\{-\left(\frac{\pi}{2} + 2n\pi\right)\right\}$$
となりますが，n は整数なので，例えば $n=0$ のときは，
$$i^i = e^{-\frac{\pi}{2}} \fallingdotseq 0.2078795764\cdots$$
$n=1$ のときは $i^i = e^{-\frac{5\pi}{2}}$，$n=2$ のときは $i^i = e^{-\frac{9\pi}{2}}$ など無数に存在します。

というわけで以上の結果としてわかったことは…，

　　　i の i 乗は実数である　　*i.e.*「私の愛情は本物である」

小説　浜村渚の計算ノート

著作　青柳碧人　2009 年　講談社

四色問題　フィボナッチ数列　円周率

主人公の数学天才少女，浜村渚は「算法少女」という小説を想起させます．一度読んでみてください．さて，文中にいくつか説明なしのパロディ（のようなもの）がありました．

◆黒い三角定規

「青い三角定規」は，70 年代に青春ドラマの主題歌「太陽がくれた季節」を大ヒットさせたフォークグループ（数学とは関係がありません）．

◆ドクター・ピタゴラス

ピタゴラスは，古代ギリシャの数学者・哲学者．ピタゴラス教団（今でいうカルト教団）の教祖で，教団が否定していた無理数の存在を口外した者を溺死させたといわれています．

◆『稲石昇平の青春の夢』

「クロネッカーの青春の夢」は，ドイツの数学者クロネッカー[*14]の数学予想のことで，日本の数学者高木貞治によって正しいことが証明されました．

また，パロディではありませんが，説明がなければ分からない文章があ

[*14]　レオポルト・クロネッカー（Leopold Kronecker 1823-1891）

りました.

◆「またフィボナッチ数列か……自然界だけではなく,殺人事件にもよく出てくる数列だ.」^(*15)
　フィボナッチ数列は,この本だけでも「ダ・ビンチ・コード」や「ガリレオ」などに登場しています.

◆「カルダノの公式です.立方完成まではなんとか自分でできたんですけど…….」
　カルダノの公式とは三次方程式の解の公式のことです.カルダノ^(*16)はこの公式の発見者であるフォンタナ^(*17)をだまして聞きだし,自分の著書で公開しました.

・平方完成…二次式を次の形に変形すること
$$(x-p)^2+q$$

・立方完成…三次式を次の形に変形すること
$$(x-p)^3+qx+r$$

中学数学の教科書には平方完成して二次方程式の解の公式を導く方法が載っています.三次方程式の解の公式を導くには,立方完成という方法を使います.平方完成と似ていますので,一例を紹介しておきましょう.

$$x^3-3x^2+2x+1 = x^3-3x^2+3x-1-3x+1+2x+1$$
$$= (x-1)^3-3x+1+2x+1$$
$$= (x-1)^3-x+2$$

というわけで立方完成ができました.

(*15)　レオナルド・フィボナッチ (Leonardo Fibonacci 1170-1250)
(*16)　ジェロラモ・カルダノ (Gerolamo Cardano 1501-1576)
(*17)　ニコロ・フォンタナ (Niccolò Fontana 1500-1557)

◆「円周率が，3.05 より大きい数であることを証明せよ」
　これは有名な東大の 2003 年入試問題です．証明方法はいくつもあって，紹介しているサイトも多いので，探してみてください．

◆「バーゼル問題の解を使ってもいいですか」
　バーゼル問題とは，オイラーが証明した等式

$$\sum_{n=1}^{\infty} \frac{1}{n^2} = 1 + \frac{1}{2^2} + \frac{1}{3^2} + \frac{1}{4^2} + \cdots = \frac{\pi^2}{6}$$

のことで，ゼータ関数

$$\zeta(s) = \sum_{n=1}^{\infty} \frac{1}{n^s} = 1 + \frac{1}{2^s} + \frac{1}{3^s} + \frac{1}{4^s} + \cdots$$

の $s=2$ のときの値になります．バーゼルはスイスの都市名で，オイラーの出身地になります．

　ところで，この小説は数学の話題がたくさん出てきてその部分は面白いのですが，設定があまりにも荒唐無稽なので，小説なのに漫画を読んでいるみたいでした（実際漫画化されましたが……）．フィクションなのでそれでもいいのですが，筆者は現実的にありそうな方が好きです．これは個人の好みの問題ですね．表紙は可愛いですが，ストーリーは殺人が多すぎるのであまりお勧めできないです．

小説　陽気なギャングの日常と襲撃

著作　伊坂幸太郎　2009 年　祥伝社

仕事（ベクトルの内積）

力が働いて物体が移動したときに，物体の移動した向きの力と移動した距離との積を，力が物体になした仕事という．

物理でいう仕事（単位 N·m ＝ J）というのはベクトルの内積（Scalar Product）にあたります．[*18] ベクトル a とベクトル b の内積は

$$a \cdot b = |a||b|\cos\theta$$

で定義されます．物体にかけた力を表すベクトル b と移動を表すベクトル a が同じ方向の場合は $\theta=0$ なので $\cos\theta=1$ ですから，仕事 ＝ 内積は $a \cdot b = |a||b|$ となりますが，同じ方向でない場合，移動方向にかかる力は $|b|\cos\theta$ となりますから，仕事 ＝ 内積は $a \cdot b = |a||b|\cos\theta$ となります．

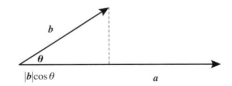

(*18)　ベクトルは小文字の太文字で表しています．

日本の高校数学の教科書の多くは定義式以外に説明がないので，ベクトルの内積が何を意味するのか分かりにくくなっています．

ベクトルの掛け算には内積と外積（Vector Product）があります．内積はベクトル・ベクトル＝スカラー（ベクトルに対比するものとしての実数）になりますが，三次元での外積はベクトル×ベクトル＝ベクトルになります．

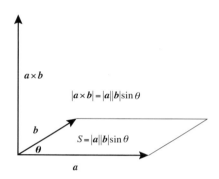

三次元での外積 $a \times b$ は，大きさが $|a||b|\sin\theta$ で，a が b に向かって近づく回転で右ネジが進む方向のベクトルです．ベクトルの外積が表す物理量のひとつとして力のモーメントがあります．N·m という単位は仕事と同じですが，異なるものです．

ちなみに広義の外積は二次元でも定義できて，2つの平行でないベクトルが作る平行四辺形の面積になります．成分で見てみると，$a = (a_1, a_2)$，$b = (b_1, b_2)$ のとき，外積は

$$|a \times b| = |a_1 b_2 - a_2 b_1|$$

というスカラーになります．これの 1/2 で3点を結ぶ三角形の面積が簡単に求められます．コンピューターで図形を処理するときは座標を使うので，座標から面積を求めるときに有効です．

小説　お任せ！　数学屋さん

著作　向井湘吾　2013年　ポプラ社

台形の加重平均

中学2年生の数学得意男子と数学苦手女子が，悩みの相談を数学で解決しようという話です．

$$r = (1-n)p + nq$$

台形の加重平均の公式さ．台形には必ず平行な2辺が存在するよね．いわゆる上底と下底．その上底と下底の間に，さらにもう1本平行線を引く場合に使う公式なんだよ．

　第1章（問1）では計算が丁寧だったのに，第2章（問2）ではかなり公式の導出やあとの計算が端折られていて，分かりやすい図はいつ出てくるのかと思ったら結局出てきませんでした．あのままでは分かりづらいので，図と計算をここに書いておきましょう．（　）表記は長さではなく比を表します．

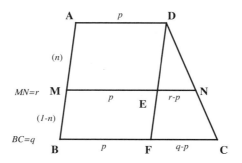

　まず台形の加重平均の公式の導出です．図で AB//DF とします．M は AB を $n:(1-n)$ に内分する点です．$\triangle$ DEN $\infty\triangle$ DFC より $n:1=$ EN:FC なので，

$$n:1=(r-p):(q-p)$$
$$r-p=n(q-p)$$

よって

$$r=(1-n)p+nq$$

　次に台形の形をした学校のグラウンドの AD＝45m，BC＝60m，AB＝70m のとき，上下を同じ面積になるように分ける場合の n を求める二次方程式の計算です．

$$台形\,AMND=台形\,MBCN$$
$$\{45+(15n+45)\}\times AM\div 2=\{(15n+45)+60\}\times MB\div 2$$
$$\{45+(15n+45)\}\times AM=\{(15n+45)+60\}\times MB$$
$$\{45+(15n+45)\}\times 70n=\{(15n+45)+60\}\times 70(1-n)$$
$$\{45+(15n+45)\}\times n=\{(15n+45)+60\}\times (1-n)$$
$$15n^2+90n=15n+105-15n^2-105n$$
$$30n^2+180n-105=0$$
$$2n^2+12n-7=0$$
$$n=\frac{-6\pm 5\sqrt{2}}{2}$$

よって，$n>0$ より

$$n = \frac{-6+5\sqrt{2}}{2} \fallingdotseq 0.5355\ldots$$

それにしても，中 2 の生徒に中 3 で習う相似，二次方程式，平方根，解の公式などの話をしたら，当然魔法のように聞こえるでしょうね．読んでいてぜひほしいと思った学校のグラウンドの図も作っておきました．

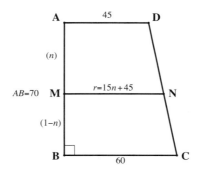

小説　風が強く吹いている

著作　三浦しをん　2006年　新潮社

楕円

寛政大学陸上部が箱根駅伝に出ようと奮闘する話です．

　ひさしく覚えなかった高揚が，走(かける)の心と体を震わせた．
　だがここは，永遠の楕円を描く競技場のトラックではない．

陸上競技のトラックは楕円（ellipse）というより楕円状（oval）ですね．国際陸上競技連盟（International Association of Athletics Federations = IAAF）の公認トラックは線分2本と半円2個でできていて，線分の長さが84.39m，円の半径が36.50m．円の外側0.30mのところを走って1周400mになるようにしているので，その計算は次のようになります．

$$84.39 \times 2 + 2\pi \times 36.80 = 400.00 \text{m}$$

もしトラックが本物の楕円ならどうなるでしょうか．長軸を $2a$，短軸を $2b$ とすると楕円の媒介変数表示は

$$x = a\cos t, \quad y = b\sin t$$

となります．公認トラックの端から端 $+0.3\text{m} \times 2$ の距離が

$$2a = 84.39 + 36.80 \times 2 = 157.99 \text{m}$$

なので，この1/2の長半径 $a = 78.995\text{m}$ の楕円で周長が400mになるものを

求めてみましょう．楕円の面積は πab と簡単に求められるのですが，周長は難しい計算になります．媒介変数表示の曲線の長さの公式

$$\int_a^b \sqrt{\left(\frac{dx}{dt}\right)^2 + \left(\frac{dy}{dt}\right)^2}\, dt$$

より，方程式

$$4\int_0^{\frac{\pi}{2}} \sqrt{(-a\sin t)^2 + (b\cos t)^2}\, dt = 400$$

を解けばいいのですが，これは第二種完全楕円積分といって初等的な計算では求められません．そこでグラフ電卓を使って求めると，短半径 $b=46.167$m になりました．上の方程式の両辺を4で割ったものの左辺と右辺のグラフの交点を求めています．

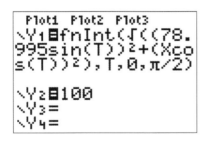
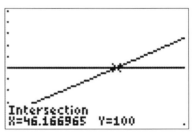

この楕円を実際のトラックに重ねてみると次の図のようになります．公認トラックの図は IAAF official website から引用しましたが，そこでは oval track となっていました．図の下のキャプションは，「図 1.2.3A 400m 標準トラック（半径 36.50m）の形と寸法（単位は m）」という意味です．

　グラフ電卓を使うと手計算で求めるのがかなり困難な値でも容易に求めることができます．実際に $\sqrt{2}$ m とか 2πm という長さを作る必要があるとき，1.41m とか 6.28m という値のほうが現実的ですね．このように代数計算 (algebraic calculation) で得られた厳密値 (exact value) を近似値 (approximate value) にすること，または代数計算で得ることが困難な値を近似値で得ることを数値計算 (numerical calculation) といいます．

　もちろんコンピューターや計算をしてくれるサイトでもいいですが，グラフ電卓は手軽で便利ですから，海外では当たり前のように中高の授業で使われています．

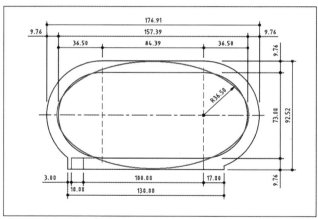

Figure 1.2.3a - Shape and dimensions of the 400m Standard Track (Radius 36.50m)
(Dimensions in m)

Column 1 小説編

小説　永遠の0（ゼロ）

著作　百田尚樹　2006年　太田出版

　なぜ「零戦」と呼ばれたか，ですか．
　零戦が正式採用となった皇紀2600年の末尾のゼロをつけたのですよ．

　「皇紀」は「神武天皇即位紀元」の略称で，神武天皇が即位したとされる年を元年とする年号であり，西暦＋660年となります．したがって，皇紀2600年は西暦1940（昭和15）年にあたります．
　数としての0の概念はインドで確立され，アラビアからヨーロッパに広まりました．日本では普通，自然数というと正の整数を意味し，0を含みませんが，海外では0を含めて自然数とする場合が多いようです．0のもう1つの重要な役割は，位取り記数法で空位を示す記号として使われることです．このおかげで計算がずいぶん楽になっています．

小説　アイアンマン　トライアスロンにかけた17歳の青春

著作　Chris Crutcher　2006年　ポプラ社

　こう考えてみたらどうだ？　数学の単位を取らずに高校を卒業することができないように，○○の単位を取らなきゃ□□は卒業できないってな．

　「○○をしなければ□□を終えることが出来ない」というための比喩として書かれています．別に数学でなくてもいいわけですが，やはり多くの人にとって数学は難しいという意識があるのでこんな表現になったものと思われます．

この応用編をひとつ．「こう考えてみたらどうだ？　数学の単位を取らずに高校を卒業することができないように，恋愛の単位を取らなきゃこどもは卒業できないってな．」

　数学とは関係ありませんが，「KY（空気が読めない）」と似た使い方で，「ヴォリュームは KIM（鼓膜いかれモード）にセットし，……」とあったので，これは日本語の省略ではないかと思って原文を探してみたら，「set the volume to OED（Optimum Eardrum Damage)...」となっていました．翻訳者はうまく考えたものです．

小説　暗号解読

著作　サイモン・シン　2007 年　新潮社

　現代社会でよく使われている RSA 暗号は，大変大きな素数が使われています．例えば 221 は素数だと思いますか．実は合成数です．では何と何の素数の積でしょうか．正解は 13×17 です．このことは，素数 2, 3, 5, 7, 11 で割りきれないことを確かめ，13 で割り切れることを確かめてからようやくわかることです．13×17 = 221 は簡単に計算できますが，221 が 13×17 であることはすぐに分かりません．このように大きい合成数の素因数分解がとても時間がかかるということを利用して暗号が作られているわけです．もちろん実際はもっとはるかに大きな素数の積が使われています．

　素因数分解や因数分解など，教科書で習う時に「こんなのどこで役に立つんだろう」と思いますね．実際，買い物をするときの計算では役に立たないわけですが，このおかげで私たちの個人情報などさまざまなものがセキュリティで守られているわけです．素因数分解や因数分解も実は実社会では有り難い存在なのですね．

小説　1Q84

著作　村上春樹　2009 年　新潮社

　『平均律クラヴィーア曲集』は数学者にとって，まさに天上の音楽である．十二音階すべてを均律に使って，長調と短調でそれぞれに前奏曲とフーガが作られている．全部で二十四曲．第一巻と第二巻をあわせて四十八曲．完全なサイクルがそこに形成される．

　ふかえりが天吾に聞かれて，お気に入りの音楽はバッハの『平均律クラヴィーア曲集』だと答えた場面です．ここでの「天上」とは「最高の」「この上ない」という意味だと思われます．なぜ数学者にとってそんなに良い音楽なのでしょうか．

　平均律は，1 オクターヴを均等な周波数比で 12 等分した音律，すなわち十二平均律を意味する場合が多いようです．すると 1 オクターヴ上の音は周波数が 2 倍になるので，均等に分けると 1 つの半音につき周波数は $\sqrt[12]{2}$（12 乗根 2）倍になります．音階の分類が，「公比が累乗根を使って表される数である等比数列」で表されているからでしょうか．このことが，数学者が歓喜するほどのことだとは思えないのですが……．それとももっとほかに意味があるのでしょうか．

小説　神様のカルテ

著作　夏川草介　2009 年　小学館

　（主人公の名前，栗原一止(いちと)について）「一に止まると書いて，正しいという意味だなんて，この年になるまで知りませんでした．でもなんだかわかるような気がします．人は生きていると，前へ前へという気持ちばかり急いて，どんどん大切なものを置き去りにしていくものでしょう．本当に正しいことというのは，一番初めの場所にあるのかもしれませんね．」

この意味についてとは断っていませんが,「一度止まって考えよ. そうすれば正しい答えが得られる.」という意味の内容を述べている部分もありました.
　一に止まるといえば, 5 ずつ数えるのに「正」という文字を使いますね. 漢字を使用する国でこのように書いていく方法はよく使われますが, これは画線法 "Tally Marks" と呼ばれています. 欧米では I, II, III, IIII の次に全体に斜線を入れて 5 を表し, 南米ではまず（四角）を書いてその中に斜線を入れて 5 を表します.

小説　BORN TO RUN　走るために生まれた

著作　Christopher McDougall　2010 年　日本放送出版協会

　本質的にウルトラマラソンとは, イエスかノーかで答える数百の質問からなる二進法の方程式だ.

　超長距離のランニングでは, レース途中さまざまな問題で二者択一を迫られ,「ひとつ答えをまちがえただけでレースが台なしになる.」という意味で述べられています. 二者択一の問題を「二進法の方程式」と表して比喩しているわけです.
　二進法では, $1+1=10$ となります. 数字を 0 と 1 しか使わないので, 0, 1 の次は繰り上がって 10 になるというわけです. 通常の 10 進法で 0, 1, 2, 3, 4, 5, 6, 7, 8, 9, 10 は, 二進法では 0, 1, 10, 11, 100, 101, 110, 111, 1000, 1001, 1010 になります.
　実際に係数を二進法で表した方程式は見たことがないですね. 例えばこんな感じでしょうか. 左の係数はすべて二進表記, 右は普通の十進表記です.

Column 1　小説編

$$11x - 101 = 100$$
$$11x = 100 + 101$$
$$11x = 1001$$
$$x = \frac{1001}{11} = 11$$

$$3x - 5 = 4$$
$$3x = 4 + 5$$
$$3x = 9$$
$$x = \frac{9}{3} = 3$$

第**2**章

ドラマの中の数学

ドラマ　ガリレオ

原作　東野圭吾　フジテレビ

フィボナッチ数列　リュカ数列
　　　　　　　　　　［第1シーズン　第9章　爆ぜる（2007年）］
　犯人が計画した大爆発を阻止するために，主人公の湯川学が暗号解読をする場面です．

　　湯川「連続する2項の比が黄金比に収束している．フィボナッチ数列か．いやフィボナッチ数列に見せかけたリュカ数列．」

　正確に言うと「リュカ数列（Lucas sequence）[*19]」と「リュカ数（Lucas numbers）の列」の意味は異なります．リュカ数列は，フィボナッチ数（Fibonacci numbers），リュカ数，メルセンヌ数（Mersenne numbers）[*20]などの数列を一般化させたものです．次の漸化式
$$a_{n+2} = pa_n - qa_{n+1}$$
を満たす数列はすべてリュカ数列で，例えば$p=1$, $q=-1$のときがフィボナッチ数とリュカ数，$p=3$, $q=2$のときがメルセンヌ数になります．フィボナッチ数とリュカ数の違いは，特性方程式と呼ばれる次の二次方程式
$$t^2 = pt - q$$
の解をα, βとしたときに一般項（第n項）が

[*19]　フランソワ・エドゥアール・アナトール・リュカ（François Édouard Anatole Lucas 1842-1891）

[*20]　2^n-1という形の数．この形の素数はメルセンヌ素数として知られています．
　　　マラン・メルセンヌ（Marin Mersenne 1588-1648）

$$a_n = \frac{\alpha^n - \beta^n}{\alpha - \beta}$$

となる方がフィボナッチ数で，

$$a_n = \alpha^n + \beta^n$$

となる方がリュカ数です．フィボナッチ数もリュカ数も $p=1$，$q=-1$ なので漸化式は

$$a_{n+2} = a_n + a_{n+1}$$

となって直前の2項を加えると次の項になる数列ですが，始まりの項が違います．項の並びは，

フィボナッチ数
$$a_0 = 0,\ a_1 = 1,\ a_2 = 1,\ a_3 = 2,\ a_4 = 3,\ a_5 = 5,\ \cdots$$

リュカ数
$$a_0 = 2,\ a_1 = 1,\ a_2 = 3,\ a_3 = 4,\ a_4 = 7,\ a_5 = 11,\ \cdots$$

となり，どちらも連続する2項の比が黄金比に近づいていきます．ともに直前2項の和が次の項になっているため，途中の数を一見したときにリュカ数をフィボナッチ数と間違えそうになったというわけです．

これらはすべて整数の値をとるのに，一般項には，平方根，しかも黄金比の値が登場します．特性方程式は

$$t^2 = t + 1$$

なので，これを解くと $\dfrac{1 \pm \sqrt{5}}{2}$ となります．

この2つの解を α，β とすると，フィボナッチ数の一般項は

$$\begin{aligned}
a_n &= \frac{\alpha^n - \beta^n}{\alpha - \beta} \\
&= \frac{1}{\sqrt{5}} \left\{ \left(\frac{1+\sqrt{5}}{2}\right)^n - \left(\frac{1-\sqrt{5}}{2}\right)^n \right\}
\end{aligned}$$

リュカ数の一般項は

$$\begin{aligned}
a_n &= \alpha^n + \beta^n \\
&= \left(\frac{1+\sqrt{5}}{2}\right)^n + \left(\frac{1-\sqrt{5}}{2}\right)^n
\end{aligned}$$

となります.この式の導出は映画「ダ・ビンチ・コード」のところでまた詳しく述べましょう.

ユニタリ行列　ユニタリティ三角形
[第2シーズン　第1章　幻惑す(まどわす)(2013年)]

　主役である物理学者,湯川学の研究室にあるホワイトボードに書かれていた数式が気になったのでこの内容を探してみたら,素粒子物理学でノーベル賞をとった小林・益川理論について書かれてあることがわかったのですが,これは高エネルギー加速器研究機構(KEK)の研究員が作成したある研修会のレジュメとまったく同一のものでした.後で分かったのですが,この回は高エネルギー加速器研究機構内で撮影が行われたそうです.

　ユニタリ行列とは,複素数の成分をもつ行列 A で,その随伴行列 A^*(行と列を転置して成分を複素共役に変えたもの)を逆行列にもつ行列,すなわち

$$AA^* = A^*A = E$$

を満たす行列 A をいいますが,これが素粒子物理学の最先端に応用されているなんて素晴らしいことですね.

簡単なユニタリ行列の例を見てみましょう.

行列 $A = \dfrac{1}{\sqrt{2}}\begin{pmatrix} 1 & i \\ i & 1 \end{pmatrix}$ の逆行列は

$$A^{-1} = \dfrac{1}{\sqrt{2}}\begin{pmatrix} 1 & -i \\ -i & 1 \end{pmatrix}$$

A の随伴行列は,行と列を転置して成分を複素共役に変えると,

$$A^* = \dfrac{1}{\sqrt{2}}\begin{pmatrix} 1 & -i \\ -i & 1 \end{pmatrix}$$

よって,

$$A^{-1} = A^*$$

すなわち,

$$AA^* = A^*A = E$$

なので,行列 A はユニタリ行列ということになります.

ドラマ　チーム・バチスタ3 「アリアドネの弾丸」第3話

著作　海堂　尊　2011年　フジテレビ

死亡推定時刻の計算

被害者の直腸温度から死亡推定時刻が午後9時ごろだったとの検視官の判断に疑問を持った白鳥と田口が真実に気づく場面です．

> 遺体に凍傷がなかったということは，ヘリウムで冷やされたとはいえ，気温は0度以下にはならなかったということだ．死後経過時間は，気温が0度の中での体温降下が1時間あたり1.24だったとすると……，約8時間．わかったよ，グッチ！　友野君の死亡時刻は午前1時前後だ．

このとき白鳥がガラス窓に書いた数式は，

$$tp = \frac{tw - tr}{k}$$

$$tp = \frac{37 - 27}{1.24} \fallingdotseq 8h$$

つまり，死亡時体温が37度，測定時体温が27度なので，その間に10度下がった．体温降下が1時間あたり1.24と仮定したので，

$$10/1.24 = 8.064516129\cdots$$

で約8時間というわけです．つまり，体温の下がり方は過ぎた時間に比例すると仮定しています．

ところが，一般に死亡推定時刻に限らず，熱い飲み物が冷める様子などはニュートンの冷却法則を使います．この法則によると体温の下がり方は，体温と周囲の気温との差に比例すると仮定します．体温を T，周囲の気温を Tm，時間を t，比例定数を k とすれば，微分方程式

$$\frac{dT}{dt} = k(T - Tm)$$

が成り立ちます．これを解いてみましょう．

$$\int \frac{dT}{T - Tm} = \int k\,dt$$
$$\log(T - Tm) = kt + C_1$$
$$T - Tm = C_2 \cdot e^{kt}$$

　死亡時体温を T_0 とすれば，$t=0$ のとき，$T=T_0$ なので，

$$T_0 - Tm = C_2 \cdot e^0$$

よって $C_2 = T_0 - Tm$ となるので，

$$T = Tm + (T_0 - Tm)e^{kt}$$

となり，この式を用いて死亡推定時刻が計算できます．

　グラフで表すと，このドラマでの計算では図の一次関数(直線)，ニュートンの冷却法則では指数関数(曲線)になります．したがって，場合によっては推測にかなりの違いが生じることになります．

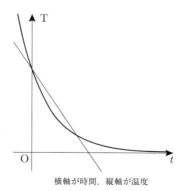

横軸が時間，縦軸が温度

(*21)　アイザック・ニュートン（Isaac Newton 1643-1727）

ドラマ 水戸黄門
「難問ぞろいの算術対決」

2011 年　TBS

和算・算学・算術　相似　油分け算　魔方陣

[問題 1]　まず相似を利用して火の見やぐらの高さを求める場面がありました．紙で直角二等辺三角形を作り，ちょうど斜辺の先にてっぺんが見えたとき，その場から火の見やぐらまでの距離を測り，それに身長を足せば高さが分かります．

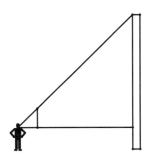

[問題 2]　次に油分け算がありました．10 升ますと 7 升ますと 3 升ますがあり，10 升ますに水がいっぱい入っている．すなわち (10 升ます, 7 升ます, 3 升ます) = (10,0,0) である．これを (5 升, 5 升, 0 升) = (5,5,0) に分けます．ドラマでは「先に 7 升入れるからだめなんだ．」と言って
　　$(10,0,0) \to (7,0,3) \to (7,3,0) \to (4,3,3) \to (4,6,0) \to (1,6,3)$
　　$\to (1,7,2) \to (8,0,2) \to (8,2,0) \to (5,2,3) \to (5,5,0)$

と移して,「できた,できた.」といって喜ぶのですが,先に7升入れてもできるし,その方がこのように一手早くできます.
(10,0,0) → (3,7,0) → (3,4,3) → (6,4,0) → (6,1,3) → (9,1,0) → (9,0,1) → (2,7,1) → (2,5,3) → (5,5,0).

[問題3] 算術対決の1問目は7×7魔方陣でした.1から49までの数字を埋めて,縦横斜めのどの合計も同じになるようにします.考えてみてください.

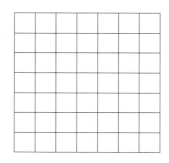

[問題4] 算術対決の2問目は図の小円の円径(直径)を1寸とするとき,黒く塗りつぶされた部分の面積を求める問題です.

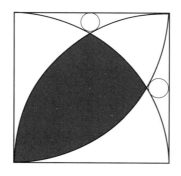

小円の半径は1/2,大円の半径をr,すなわち正方形の一辺をrとすると,三平方の定理で,

54

$$\left(r-\frac{1}{2}\right)^2 + \left(\frac{r}{2}\right)^2 = \left(r+\frac{1}{2}\right)^2$$

これを解いて

$$r = 8$$

求める面積 S は,

$$S = \pi r^2 \cdot \frac{1}{12} + 2\left(\pi r^2 \cdot \frac{1}{6} - \frac{1}{2} \cdot r \cdot \frac{\sqrt{3}}{2} r\right)$$
$$= \frac{r^2}{12}\left(5\pi - 6\sqrt{3}\right)$$

となるので, $r=8$ を代入すると,

$$S = \frac{16}{3}\left(5\pi - 6\sqrt{3}\right) = 28.3501\cdots\cdots$$

すなわち, ドラマの中の解答「弐拾八歩参分有奇(にじゅうはちぶとさんぶあまりわずか)」となります.

[問題5]　算術対決の3問目は図の大中小10個の円の円径（直径）の和が149寸のとき, 中央の側円（楕円）の短径（短軸）を求める問題.

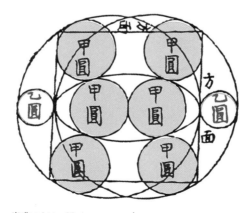

出典：http://www.wasan.jp

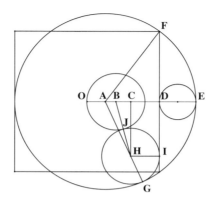

正方形の一辺を $2a$ とし,大円の半径を x とすると,△ADF で

$$x^2 = a^2 + (2a-x)^2$$

これを解いて,

$$x = \frac{5}{4}a$$

小円の半径を z とすると,

$$\frac{3}{5}x + 2z = x$$

これを解いて,

$$z = \frac{1}{5}x$$

計算を簡単にするため,$a=4, x=5, z=1$ として中円の半径を y とすると,△ACH と△BCH で

第2章 ドラマの中の数学

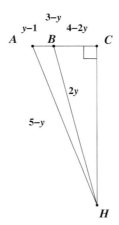

$$CH^2 = (5-y)^2 - (3-y)^2 = (2y)^2 - (4-2y)^2$$

これを解いて，

$$y = \frac{8}{5}$$

$$\begin{aligned} CH^2 &= (5-y)^2 - (3-y)^2 \\ &= 16 - 4y \\ &= \frac{48}{5} \end{aligned}$$

$$\begin{aligned} CH &= \sqrt{\frac{48}{5}} \\ &= \frac{4\sqrt{15}}{5} \end{aligned}$$

正方形の中央を原点Oとし，楕円と右上の中円との接点をPとするとJと上下対称だからJのy座標の符号を変えます．JはBHの中点なのでx座標は2，y座標はCHの1/2だから，

$$P = \left(2, \frac{2\sqrt{15}}{5}\right)$$

この点を通る楕円の短軸を$2b$として，その方程式を，

57

$$\frac{x^2}{4^2} + \frac{y^2}{b^2} = 1$$

とし，P の座標を代入して b を求めると，

$$b = \frac{4\sqrt{5}}{5}$$

$x=5$, $y=\frac{8}{5}$, $z=1$ としたときの 10 個の円の半径の和は $\frac{108}{5}$ なので，直径の和は $\frac{216}{5}$．出題の直径の和が 149 だったのでそうなるように拡大すると，

$$b' = \frac{4\sqrt{5}}{5} \times \frac{5}{216} \times 149 = \frac{149\sqrt{5}}{54}$$

よって実際の楕円の短軸は

$$2b' = \frac{149\sqrt{5}}{27} = 12.33978\cdots\cdots$$

となり，ドラマの中の解答「九寸有奇（きゅうすんあまりわずか）」になりませんでした．

　後日，ようやく出典の問題を見つけました．『和算で遊ぼう——江戸時代の庶民の娯楽』佐藤健一著（かんき出版）121 ページです．オリジナルの問題は 10 個の円の直径とさらに正方形の一辺と楕円の長軸も加えて 149 寸でした．それでもう一度計算したところ，10 個の円の直径とさらに正方形の一辺と楕円の長軸の和は $\frac{296}{5}$ になるので，これが 149 になるように拡大すると，

$$b' = \frac{4\sqrt{5}}{5} \times \frac{5}{296} \times 149 = \frac{149\sqrt{5}}{74}$$

$$2b' = \frac{149\sqrt{5}}{37} = 9.0047\cdots$$

となり，確かに「九寸有奇（きゅうすんあまりわずか）」になりました．

第 2 章　ドラマの中の数学

　ということで，ドラマの中の出題は正方形の一辺と楕円の長径が不足し
ていたということが分かりました．ドラマとはいえ，正確な出題をしてほ
しかったです．放送後 1 カ月半たって，自分の計算が正しかったことが分
かり，ようやくすっきりしました．

　補足になりますが，出典には問題と正解の後にこんなことが書かれてあ
りました．
「術曰置二百七十三個八分平方開之以除相併數得側圓短徑合問」
「総和 149 寸を $\sqrt{273.8}$ で割れば楕円の短軸は得られる」
という意味だと思われます．確かにこの計算

$$\frac{\sqrt{273.8}}{149} = 9.0047\cdots\cdots$$

で正解が得られますが，これだけでは解き方ともいえないし，ヒントとも
いえないですね．「術曰」とありますが，とても「術」とはいえないと思
いました．

59

ドラマ　古畑任三郎「笑うカンガルー」

脚本　三谷幸喜　1995 年　フジテレビ

Finger Calculator French Style, Crocodile Dilemma, Nim Game

　ドラマの冒頭に Finger Calculator French Style（フランス式指電卓）が紹介されています．途中，Crocodile Dilemma（ワニのジレンマ）が，ワニをライオンに変えて「ライオンのパラドックス」として紹介されています．

二本松：好きな数字を決めて，お互いに 1 から順に数えるんです．そして最後にその数字を言った方の負け．じゃあ，お好きな数字を．

古　畑：えー，それじゃあ，16．

二本松：いいですよ．あ，それから，一度に言っていい数字は 3 つまでです．

古　畑：3 つまで．わかりました．

二本松：では僕の方から．「1, 2, 3」

古　畑：うーん，「4, 5, 6」

二本松：「7」

古　畑：「8, 9, 10」

二本松：「11」

古　畑：「12」

二本松：「13, 14, 15」

古　畑：じゅうろ…，負けだ．

これは2人で対戦する数字のゲームです．必勝法は次のとおり．相手に x を言わせるには自分が $x-1$ で終わる．そのためにはその前に自分が $x-5$ で終わる．そのためにはその前に自分が $x-9$ で終わる．これでは覚えにくいので，まず x を4で割った余り r を考え，自分は常に4で割った余りが $r-1$ となる数で終わるようにする．すなわち，$x \equiv r \pmod 4$ (x を4で割った余りは r という意味) を考え，自分は常に $y \equiv r-1 \pmod 4$ となる数 y で終わるようにします．

〈例1〉 $x=16$ の場合

$16 \equiv 0 \pmod 4$ だから，自分は常に $y \equiv -1 \equiv 3 \pmod 4$ となる数，すなわち「4の倍数 -1」で終わるようにする．上のセリフでは，二本松は常に「4の倍数 -1」で終われば勝てるということを分かっていて答えています．$x=16$ の場合は先手必勝です．

これは Nim Game というゲームの一種で，The 21 game とか Not 21 などと呼ばれるゲームです．上の $x=21$ の場合にあたります．

〈例2〉 $x=21$ の場合

$21 \equiv 1 \pmod 4$ だから，自分は常に $y \equiv 0 \pmod 4$ となる数，すなわち「4の倍数」で終わるようにすれば勝てます．最初に4の倍数を言うことはできませんから，$x=21$ の場合は後手必勝です．

さあ，身近な人と対戦してみてください．

ドラマ　数学女子学園

脚本　山浦雅大　2012年　日本テレビ

積分　三角関数　正八面体　空間ベクトル　　［Lesson 2（第2話）］

第1話では tangent（正接）が少し出てきた程度でしたが．第2話ではいろいろな話題が出てきました．

［問題1］　$0 < x < \pi/4$ のとき，

$$\int_0^x \cos t\, dt > 2 \int_0^x \sin t\, dt$$

を証明せよ．（数学Ⅲ）

［問題2］　一辺 a の正八面体の体積 V を求めよ．（中3）

［問題3］　ベクトル $\boldsymbol{a} = (5, 7, 3)$，ベクトル $\boldsymbol{b} = (7, 6, 5)$ の両方に直交する長さ1のベクトル $\boldsymbol{c}$ を求めよ．（数学B）

［問題4］　AB = 5, BC = 7, CA = 3（3辺の長さが 5, 7, 3）である △ABC の内接円の半径を求めよ．（数学Ⅰ）

［問題5］　$765n$ が平方数になるような正の整数 n のうち最小のものを求めよ．（中3）

［問題6］　連立方程式 $5x + 7y = 3, 7x - 6y = 5$ を解け．（中2）

[問題 7] 3時から4時までの間，長針と短針がぴったり重なり合うのは3時何分何秒か．（小 6）

それぞれ解いてみてください．正直言って，ストーリーはあまり興味を持てないのですが，どんな問題が出てくるのかは楽しみです．ちなみにエンドロールを見ていたら，このドラマは数学オリンピック財団の方が数学指導をされていたようです．

〈解答〉
① $f(x)=$ 左辺－右辺とおくと，

$$f(x) = \left[\sin t\right]_0^x - 2\left[-\cos t\right]_0^x = \sin x + 2\cos x - 2$$

$$f(0) = 0, \quad f\left(\frac{\pi}{4}\right) = \frac{3\sqrt{2}}{2} - 2 > 0$$

$$f'(x) = \cos x - 2\sin x$$

$$f'(0) = 1 > 0, \quad f'\left(\frac{\pi}{4}\right) = -\frac{\sqrt{2}}{2} < 0$$

$f'(x)=0$ となる x を求めると，

$$2\sin x - \cos x = 0$$
$$\sqrt{5}\sin(x-\alpha) = 0$$
$$x = \alpha$$

ただし α は，$\sin\alpha = \dfrac{1}{\sqrt{5}}, \cos\alpha = \dfrac{2}{\sqrt{5}}$ となる角で，$0 < \alpha < \dfrac{\pi}{4}$

したがって増減表は，

x	0	...	α	...	$\pi/4$
$f'(x)$	正	+	0	−	負
$f(x)$	0	増加	正	減少	正

よって，$0 < x < \dfrac{\pi}{4}$ で $f(x) > 0$ だから，左辺＞右辺

② $\dfrac{\sqrt{2}}{3}a^3$ ③ $\dfrac{1}{\sqrt{666}}(17,-4,-19)$ ④ $\dfrac{\sqrt{3}}{2}$ ⑤ 85

⑥ $\left(\dfrac{53}{79}, -\dfrac{4}{79}\right)$ ⑦ 3 時 16 分 21.8 秒

誕生日が同じ確率　　[Lesson 7（第 7 話）]

今回の数学バトルは次の 3 問でした．

[問題 1]　大きな数の足し算
　6573928 + 893534214 + 19283892 + 887387111 + 5353891098 + 2839329756

[問題 2]　50 人の中に同じ誕生日の人がいる確率

[問題 3]　20 分で燃え尽きる蚊取り線香を 2 つ使って 15 分を計る方法

　問題 1 は単純計算．問題 3 は分かりやすいのでドラマの中で解説がありましたが，問題 2 だけは解答のみで解説はありませんでした．この 60 人の場合は小説「数学的にありえない」にも登場しましたが，n 人の中に同じ誕生日の者が少なくとも 2 人以上いる確率 P は，

$$P = 1 - \frac{365!}{365^n \cdot (365-n)!} \qquad (1)$$

和の記号は Σ ですが，積の記号 Π（π の大文字）を使うと，

$$P = 1 - \prod_{k=1}^{n} \frac{365-k+1}{365} \qquad (2)$$

という式で表せます．

　$n=50$ の場合，式 (1) では分子と分母が膨大な数になり，式 (2) では

$(366-n)/365$ の掛け算を 50 回もすることになるので普通の電卓では困難です．小説「数学的にありえない」では式（1）をグラフ電卓のプログラム機能と WolframAlpha といういろいろな問題を解いてくれるサイトを利用して計算しましたが，今回は WolframAlpha で式（2）を計算しました．入力式を

とすれば，
Product:

$$\prod_{k=1}^{50} \frac{366-k}{365} =$$

の下に長い分数の答が表示されます．さらにその下に
Decimal approximation:

$$0.0296264\cdots\cdots$$

という値が出るので，1 からその値を引けば 97.04% という答になります．
　さらにもう 1 つの方法が見つかりました．WolframAlpha で

と入力すれば
Input information:
    birthday problem
    number of people | 50 people
Probabilities that people have the same birthday:
    at least 2 the same | 0.9704

と答えてくれます．これはこの問題が "birthday paradox" と呼ばれる問題だからです．WolframAlpha はすごい！ 試してみてください．

〈解答〉
① 9999999999
③ 2つの蚊取り線香をA，Bとする．Aの始点とBの始点・終点の3カ所に同時に火をつける．10分後，Bが燃え尽きたと同時にAの終点に火をつける．Aが燃え尽きた時が15分後になる．

複素関数　複素積分　ラプラス変換　　[Lesson 9（第9話）]

　　先生　「これが複素指数関数と三角関数の関係です．よし，じゃあ今日はここまで．」

この台詞はオイラーの公式

$$e^{i\theta} = \cos\theta + i\sin\theta$$

を意味しているようですが，板書が映らなかったので確認できませんでした．この公式は，e^x, $\cos x$, $\sin x$ のテイラー級数から導くことができます．詳しくは小説「博士の愛した数式」で解説しました．右辺は高校でもよく出てきますが，英語の教科書の中には $\mathrm{cis}\,\theta$ と表す方法もあります．

　　先生　「e^{ax} のラプラス変換は？」
　　生徒1　「p^3 ですか．」
　　生徒2　「いいえ，全然違います．$\dfrac{1}{p-a}$．」

　ラプラス変換[*22]とは，そのままでは微分方程式を解くのが困難な関数を，

(*22)　ピエール-シモン・ラプラス（Pierre-Simon Laplace 1749-1827）

解きやすい関数に変換すること，またはその関数のことをいいます．ラプラス変換で簡単になった微分方程式を解き，またラプラス逆変換でもとの微分方程式を満たす関数を求めます．

次式を関数 $f(t)$ のラプラス変換といいます．

$$\int_0^\infty e^{-st} f(t) dt$$

したがって，$f(x) = e^{ax}$ をラプラス変換する式は，

$$\int_0^\infty e^{-st} f(t) dt = \int_0^\infty e^{-st} \cdot e^{at} dt = \int_0^\infty e^{(-s+a)t} dt = \int_0^\infty e^{-(s-a)t} dt$$

$$= \left[-\frac{e^{-(s-a)t}}{s-a} \right]_0^\infty = \frac{-e^{-\infty} - (-e^0)}{s-a} = \frac{0-(-1)}{s-a} = \frac{1}{s-a}$$

ここで $s-a<0$ なら発散してしまってこの極限値が存在しないので $s-a>0$ としています（収束域といいます）．なので，生徒 2 の答 $\dfrac{1}{s-a}$ が正解になります（p より s で表すことが多いです）．

この場面のバックの黒板に

$$\int_0^\infty e^{st} y(t) dt$$

と書くべきところを

$$\int_0^\infty dt\, e^{st} y(t)$$

と書いてあったのが気になりました．

廊下の黒板には，閉曲線上の複素積分とか，ゼータ関数（バーゼル問題）などけっこう難しい数式も書いてありました．

ドラマ 梅ちゃん先生 #30
もつべきものは友 (6)

脚本 尾崎将也 2012年 NHK

分数関数 二次関数 三次関数

梅子が受けた城南女子医学専門学校の数学再試験の問題です．

[問1] $y=\dfrac{-3x+12}{x-3}$ のグラフを書け．また，その漸近線を書け．

(梅子の解答)

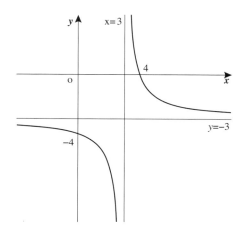

[問2] $f(x)=x^2-7x-12$ になるとき，次を求めよ．

$$f(45), f(2x), f(?)$$

(梅子の解答)
$$f(45) = 45^2 - 7 \times 45 \cdots ?$$
$$f(2x) = 2x^3 - 14x^2 \cdots （解答中）$$

[問3] 次の冪(べき)関数の変化を考え，……? (不明)
 (1) $y = x^3$
 (2) ?

問1は分数関数で，
$$y = \frac{-3x+12}{x-3} = \frac{3}{x-3} - 3$$
と変形すると，漸近線は $x=3$ と $y=-3$ と分かり，x 切片が 4，y 切片が -4 となる双曲線ですから正解です．問2の $f(45)$ は x を 45 に変えて計算するだけなので，
$$f(45) = 45^2 - 7 \times 45 - 12 = 1698$$
$f(2x)$ は間違っていますね．正解は，
$$f(2x) = (2x)^2 - 7 \times 2x - 12$$
$$= 4x^2 - 14x - 12$$

問3は未解答でした．

たまたま「梅ちゃん先生 数学」で検索したところ，この試験の問2について Yahoo! 知恵袋で「梅ちゃん先生の数学の答案間違っていませんか？」というのを見つけたので解答したら，ベストアンサーに選ばれました！．検索して探してみてください．

> # ドラマ　リッチマン，プアウーマン
> # 4話
>
> 脚本　安達奈緒子　2013年　フジテレビ

標本調査　標本誤差

　夏井真琴「なるほど……．300人にアンケートをとればおよそ信頼できる結果になると……．うちの区の人口がだいたい54万人だから抽出標本数は300で誤差6%か．よし300！やりましょう！」

　世の中の多くの統計量，例えば多数が受けた試験の得点分布などは正規分布（ガウス分布）[*23]で表すことができます．その式は，平均を m，平均からのデータの散らばり具合を表す標準偏差を σ とすると，

$$y = \frac{1}{\sqrt{2\pi}\sigma} e^{\frac{-(x-m)^2}{2\sigma^2}}$$

で表されます．ここで，e はネイピア数，標準偏差 σ は全データの平均との差の2乗の平均の正の平方根です．平均0，標準偏差1にしたものを標準正規分布といい，次の式で表されます．

$$y = \frac{1}{\sqrt{2\pi}} e^{\frac{-x^2}{2}}$$

[*23]　カール・フリードリヒ・ガウス（Carolus Fridericus Gauss 1777-1855）

そしてグラフは図のようになります．

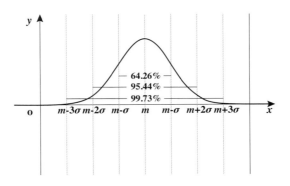

平均 m から標準偏差1つ分の範囲

$$m-\sigma < m < m+\sigma$$

には全体の68.26％が含まれるので70％信頼区間と呼び，この範囲にデータが集中します．標準偏差2つ分の範囲

$$m-2\sigma < m < m+2\sigma$$

には全体の95.44％が含まれるので95％信頼区間と呼び，通常この範囲にほとんど納まります．標準偏差3個分の範囲

$$m-3\sigma < m < m+3\sigma$$

には全体の99.73％が含まれるので99％信頼区間と呼び，この範囲の外にはごく少数のはみ出たデータが存在します．ただし，95.44％ではなく95％丁度で計算すると

$$m-1.96\sigma < m < m+1.96\sigma$$

の範囲になり，この式を使う場合もあります．

このドラマの台詞は標本調査における標本誤差について述べたものです．全体を対象に行う全数調査に比べて，一部を抽出して行う標本調査は

結果に誤差が生じます．一般に，全体とくらべて標本数が少ないほど誤差は大きくなります．この場合，54万人の中から300人を調べるだけでも真の値との違いは6％以内ですむということを意味しています．その誤差については，N を母集団，n を標本数，p を母比率（$0<p<1$），信頼区間95.44％のとき，以下の式で計算されます．

$$2\sqrt{(N-n)(N-1)}\sqrt{\frac{p(1-p)}{n}}$$

ただ，この式で N＝54 万，$n=300$ のとき，$\sqrt{(N-n)(N-1)}$ はほぼ 1 になります．

$$\sqrt{(540000-300)(540000-1)}=0.9997231093$$

なので，$\sqrt{(N-n)(N-1)}$ の部分を無視して誤差を計算しても良いわけです．$p(1-p)$ は $p=0.5$ の時に最大になるので，$n=300$ のとき，$p=0.5$ として誤差の最大を計算すると，

$$2\sqrt{\frac{p(1-p)}{n}}=0.0577350269\cdots$$

よって，誤差は約 6％ 未満ということになります．

ドラマ　高校入試　第3話

脚本　湊かなえ　2012年　フジテレビ

表面積　体積　相似　証明

ドラマに出てきた高校入試数学の問題です．

$AB=CD=\sqrt{69}$ cm, $AD=BC=10$cm の長方形 ABCD がある．この辺 AB を辺 CD を軸として時計回りに $60°$ ずらし，立体を作ったとき，次の問いに答えよ．なお点 A と点 B が移動した後の点を A′, B′ とする．

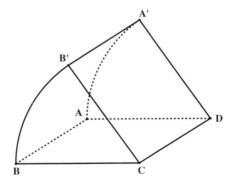

[問1]　①四角形 ABCD が通ってできた立体の表面積を求めよ．
　　　②四角形 ABCD が通ってできた立体の体積を求めよ．
　　　　以上は解いてみてください．（解答はこのトピックの文末）

[問2]　△BDA′と相似となる三角形を次のア～エから選び，証明せよ．
　　ア　底辺と高さの比が 5:6 の二等辺三角形

73

イ　底辺が 5 で底角が 75° の二等辺三角形
ウ　7:7:4 の二等辺三角形
エ　5:5:$\sqrt{10}$ の二等辺三角形

　ドラマの中では［問 2］が「超難問」となっていましたが，三平方の定理を使えばそう難しくない問題です．60° 回転で△ADA' は正三角形になるので，AD＝AA'＝10 です．よって三平方の定理より，

$$BD = BA' = \sqrt{100+69} = \sqrt{169} = 13$$

となります．なので△BDA' は，13:13:10 の二等辺三角形となり，高さは 12 です．底辺と高さの比は 10:12，すなわち 5:6 になるので，これと相似なアが正解ということになります．問題の中の $\sqrt{69}$ は整数の値 13 を得るためにわざわざ設定した数ということになります．

　この話題を検索してみたら，Yahoo! 知恵袋で「あれは本当に解ける問題でしょうか？」という問いに対する回答がすでに「解決済み」で，「ただ平方根が辺の長さになっているので面倒な数になりそうですけど．」となっていましたが，実はその逆でしたね．

［問 1］の解答　　① $20\sqrt{69} + \dfrac{10\sqrt{69}\pi}{3} + \dfrac{100\pi}{3}$　　② $\dfrac{50\sqrt{69}\pi}{3}$

ドラマ　ビブリア古書堂の事件手帖　第3話

原作　三上　延　2013年　フジテレビ

論理学　三段論法

古本屋店主の栞子が，古書と客に関する推理をしていろいろな謎を解き明かしていくという話です．

「私，バカなんです．バカにはホステスは務まらないんです．だから私は，ホステスには向いてないんです」
「今君は，三段論法を使った」

三段論法は論理的推論のひとつで，「大前提」「小前提」「結論」の3つから成り立ちます．

例としては次の話が有名です．
（大前提）　すべての人間は死すべきものである．
（小前提）　ソクラテス[*24]は人間である．
（結論）　ゆえにソクラテスは死すべきものである．

これを集合論で示すと，
（大前提）　集合 B は集合 C の部分集合である．$B \subset C$
（小前提）　a は集合 B の要素である．$a \in B$

[*24]　ソクラテス（Socrates BC469頃-BC399）

（結論）　　ゆえに a は集合 C の要素である．∴$a\in C$

具体例として，
（大前提）　偶数の集合は整数の集合の部分集合である．B⊂C
（小前提）　2 は偶数の集合の要素である．$a\in B$
（結論）　　ゆえに 2 は整数の集合の要素である．∴$a\in C$

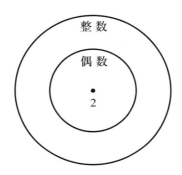

このドラマの台詞では，
（大前提）　バカにはホステスは務まらない．
（小前提）　私はバカである．
（結論）　　ゆえに私はホステスには向いてない．

これを集合論で言い換えると，
（大前提）　「バカな人の集合」は「ホステスが務まらない人の集合」の
　　　　　　部分集合である．
（小前提）　私は「バカな人の集合」の要素である．
（結論）　　ゆえに私は「ホステスが務まらない人の集合」の要素である．

　大前提は「バカな人の集合」は「ホステスが務まらない人の集合」の部分集合であるといっているわけですが，一般に絶対そうとはいえないですね．したがって，この台詞は「真」（常に正しい）とはいえないということになります．

ドラマ　イタズラな Kiss

原作　多田かおる

不等式の証明　　[日本版　第2話　1996年　テレビ朝日]

主人公の男子が女子に数学を教える場面です．

① $x>y$ のとき $\dfrac{2x+y}{3} > \dfrac{x+y}{2}$ を証明せよ．

$$左辺 - 右辺 = \dfrac{x-y}{6} > 0$$

② $x^2 + 17y^2 \geq 8xy$ を証明せよ．

$$\begin{aligned}左辺 - 右辺 &= x^2 - 8xy + 17y^2 \\ &= x^2 - 8xy + 16y^2 + y^2 \\ &= (x-4y)^2 + y^2 \geq 0\end{aligned}$$

韓国版・台湾版と比べれば少し易しい問題になっています．

円錐の体積　　[台湾版　第3話　2005年]

主人公の男子が女子に数学を教える場面です．
展開図が，半径 r で中心角 θ の扇形になるような円錐の体積 V は，

$$V = \dfrac{r^3 \theta^2 \sqrt{4\pi^2 - \theta^2}}{24\pi^2}$$

となることの証明がありました．

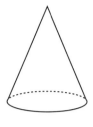 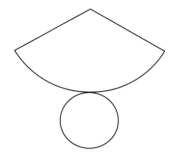

円錐の高さを h，底面の半径を R とすると，扇形の弧は
$$S = r\theta = 2\pi R$$

よって
$$R = \frac{r\theta}{2\pi}$$

円錐の高さは
$$h = \sqrt{r^2 - R^2} = \sqrt{r^2 - \frac{r^2\theta^2}{4\pi^2}}$$

よって円錐の体積は
$$V = \frac{1}{3}\pi R^2 h$$
$$= \frac{1}{3}\pi \cdot \frac{r^2\theta^2}{4\pi^2} \cdot \sqrt{r^2 - \frac{r^2\theta^2}{4\pi^2}}$$
$$= \frac{1}{3}\pi \cdot \frac{r^2\theta^2}{4\pi^2} \cdot \frac{r}{2\pi}\sqrt{4\pi^2 - \theta^2}$$
$$= \frac{r^3\theta^2\sqrt{4\pi^2 - \theta^2}}{24\pi^2}$$

となります．韓国版と難易度は同じぐらいでしょう．

対数　2進法　［韓国版　第2話　2010年］

主人公の男子が女子に数学を教える場面です．

$$x = 2^{30} \times 10^{-7}$$

両辺に log を当て

$$\log x = \log\left(2^{30} \times 10^{-7}\right)$$
$$= 30 \log 2 - 7 \log 10$$
$$= 30 \times 0.3 - 7$$

だから $\log x = 2$，つまり $x = 100$ だ．

これを 2 進法で答えると？

$\log 2 = 0.3$ を代入するのは少し大ざっぱ過ぎますね．これでは誤差が大きくなってしまいます．日本の教科書では $\log 2 = 0.3010$ を使います．これで計算すると，

$$\log x = 30 \times 0.3010 - 7$$

だから，

$$\log x = 2.03$$
$$x = 10^{2.03} = 107.15$$

実際に最初の式を電卓に入力すると，

$$x = 2^{30} \times 10^{-7} = 107.37\cdots$$

となりますから，$x = 100$ とするよりもこの値の方が許せる気がします．

ドラマでは解答はありませんでしたが，2 進法で表すと，

$$100 = 2^6 + 2^5 + 2^2 = 1100100_{(2)}$$
$$107 = 2^6 + 2^5 + 2^3 + 2^1 + 2^0 = 1101011_{(2)}$$

となります．ただ，ここで急に 2 進法で表す意味がよく分かりませんでした．

ドラマ　SPEC ～零～
（スペック ゼロ）

脚本　西荻弓絵　2013 年　TBS

対数微分　ABC 予想

……ちゅうことだから，実はこれ，対数の公式と同じ形だ．
だから，上の $L(h)$ は，h の対数微分と呼ばれている．じゃあ，本当にそうなっているかどうか，お前ら，自分で計算して，この公式，確かめろ．
（バシッ）死んだか？
分かった．当麻にはこの問題，簡単すぎたか……．
当麻，ABC 予想について者どもに説明してみよ．

$$\{f(x)g(x)\}' = f'(x)g(x) + f(x)g'(x)$$

$$\frac{\{f(x)g(x)\}'}{f(x)g(x)} = \frac{f'(x)}{f(x)} + \frac{g'(x)}{g(x)}$$

$$L(h) = \frac{h(x)'}{h(x)}$$

$$L(fg) = L(f) + L(g)$$

$$L(h) = \frac{d\log|h(x)|}{dx}$$

黒板に貼ってある紙

対数微分は，函数 $y=f(x)$ を微分するとき，両辺の自然対数をとって（形

式的には両辺に $\log_e$ をつけて）微分することをいいます．こうすると $f(x)$ が複雑な形をしている時に，まともに微分するよりも簡単にできる場合（$y=x^x$ や $y=x^{\sin x}$ など）があります．

　この場面での $L(h)$ は，「h の自然対数をとって x で微分したもの」という意味で（e は省略），黒板の貼紙の一番下の式です．実際にこの公式を確かめてみましょう．

　1行目　これは数学Ⅲの教科書に載っている積の微分公式です．
　2行目　1行目の式を $f(x)g(x)$ で割って約分した式です．
　3行目　$L(h) = \dfrac{d}{dx}\log|h(x)| = \dfrac{h'(x)}{h(x)}$
　4行目　$L(fg) = \dfrac{d}{dx}\log|fg| = \dfrac{(fg)'}{fg} = \dfrac{f'}{f} + \dfrac{g'}{g} = L(f) + L(g)$
　5行目　ゆえに $L(h)$ はこの意味ですよという式です．

　それにしてもこの先生，偉そうな言い方をしますね．生徒を鼻血が出るほど叩くし，今の時代，実際にいたらもちろん問題教師ですね．

ドラマ ハード・ナッツ！

脚本　蒔田光治他　2013年　NHK

ポアソン・クランピング

「クイーンのフォーカード．時にはこんないい手札が揃うこともある．」
「ポアソン・クランピングという現象だ．」

　トランプをアトランダムに配っても時にはいい手が来ることがあります．なぜかある 1 日だけ悪いことが度重なって起こることもあります．このように同じ確率でも，一定の現象がたまたま続くことをポアソン・クランピングといいます．[*25]

　円周率は 762 桁目から 9 が 6 個続けて現れるところがあり，これはファインマン・ポイントと呼ばれています．同じ数字が 6 桁で 6 回連続する確率は $1/10^5$ で，そのチャンスが 762 回あるので，

$$1/10^5 \times 762 = 0.00762$$

となりますから，762 + 5 桁目までに同じ数字が 6 回続く確率は約 0.8％ ということになります．物理学者のファインマンはここまで暗唱したそうです．

(*25)　シメオン・ドニ・ポアソン（Siméon Denis Poisson 1781-1840）

3.
1415926535 8979323846 2643383279 5028841971 6939937510
5820974944 5923078164 0628620899 8628034825 3421170679
8214808651 3282306647 0938446095 5058223172 5359408128
4811174502 8410270193 8521105559 6446229489 5493038196
4428810975 6659334461 2847564823 3786783165 2712019091
4564856692 3460348610 4543266482 1339360726 0249141273
7245870066 0631558817 4881520920 9628292540 9171536436
7892590360 0113305305 4882046652 1384146951 9415116094
3305727036 5759591953 0921861173 8193261179 3105118548
0744623799 6274956735 1885752724 8912279381 8301194912
9833673362 4406566430 8602139494 6395224737 1907021798
6094370277 0539217176 2931767523 8467481846 7669405132
0005681271 4526356082 7785771342 7577896091 7363717872
1468440901 2249534301 4654958537 1050792279 6892589235
4201995611 2129021960 8640344181 5981362977 4771309960
5187072113 4999999837 2978049951 0597317328 1609631859

2002 年に 1 兆 2400 億桁までの記録が発表され，1, 6, 7, 8, 9 が 12 回連続で現れることが分かりました．同じく確率を計算すると，

$$1/10^{11} \times (1 兆 2400 億 - 11) = 12.4$$

1240％ということは，ここまでの間に 12 回は起こってもいいという確率ですね．実際は 5 回でしたが．

2009 年には 2 兆 5769 億 8037 万桁までの記録が発表され，8 が 13 回連続で現れることが分かりました．同じく確率を計算すると，

$$1/10^{12} \times (2 兆 5769 億 8037 万 - 12) = 2.57698037$$

で約 257％となりますから，この桁までに 2〜3 回はこの現象が起こってもいいということになります．実際は 1 回ですけどね．

その後円周率は，2010 年に 5 兆桁，2011 年に 10 兆桁，2013 年に 12 兆 1 千億桁，2014 年に 13 兆 3 千億桁まで計算されています．円周率の 0〜9 の数字が現れる確率はそれぞれ 1/10 前後とほぼ同じ確率になっているようです．同じ数字が 14 回以上連続しているところはあるのでしょうか．

ドラマ　名探偵・神津恭介 ～影なき女～

原作　高木彬光　2014 年　フジテレビ

ロジスティック回帰分析

神津　「今日は，埼玉県所沢市で溺死体で発見された男性の件について，配偶者による保険金目当ての殺人なのか，ただの事故なのか，ロジスティック回帰分析を使って検討してみたいと思います．」

ロジスティック関数とは，

$$y = \frac{c}{1 + a \cdot e^{-bx}}$$

で表される S 字型のグラフになる関数で，生物の成長や商品の累積売り上げなどのモデルに応用されています．

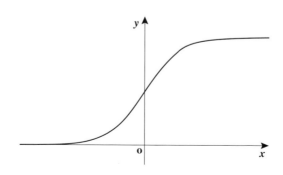

「回帰 (regression)」とは，もともと「元に戻る」というような意味ですが，数学では，あるいくつかのデータ (x, y) を元に最小二乗法を用いて，x と y の関係を関数 $y=f(x)$ で近似することをいいます．その式を回帰方程式または回帰モデル，そのグラフを回帰曲線といいます．[*26]

具体的に，5組のデータ $(1, 1), (2, 1), (3, 3), (4, 4), (5, 6)$ から，それらの点にもっとも近いところを通るグラフを，グラフ電卓を使っていくつか求めてみました．図のように，線形（一次関数）回帰：Linear Regression，二次関数回帰：Quadratic Regression，三次関数回帰：Cubic Regression，四次関数回帰：Quartic Regression，冪乗関数回帰：Power Regression，指数関数回帰：Exponential Regression，対数関数回帰：Logarithmic Regression，正弦関数回帰：Sinusoidal Regression，ロジスティック関数回帰：Logistic Regression などあります．まったく同じデータであっても，それらの関係をどう推測するかによって，得られるグラフが違ってくるということが分かります．

回帰曲線を求めるコマンド Commands for Regression

データ Data　　$(x, y) = (1, 1), (2, 1), (3, 3), (4, 4), (5, 6)$

[*26] いくつかのデータ (x_i, y_i) の集まりを関数 $y=f(x)$ に近似するとして，y_i と $f(x_i)$ との差の二乗の和を最小にするように $f(x)$ を決める方法．

（例）一次関数回帰のコマンド：Command for Linear Reg.

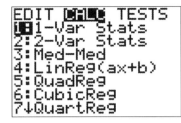

以下すべて上の 5 つのデータから求めています．

線形（一次関数）回帰：Linear Regression

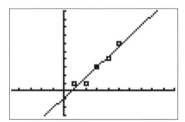

二次関数回帰：Quadratic Regression

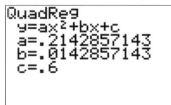
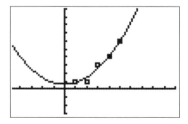

三次関数回帰: Cubic Regression

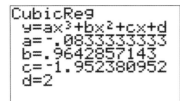 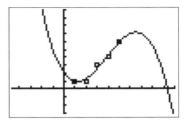

四次関数回帰: Quartic Regression

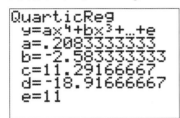 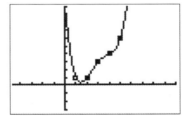

冪乗関数回帰: Power Regression

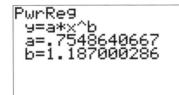 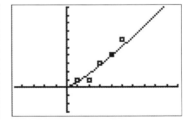

指数関数回帰: Exponential Regression

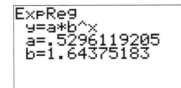 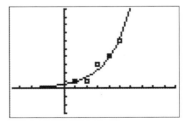

対数関数回帰: Logarithmic Regression

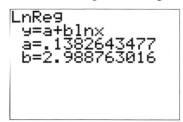 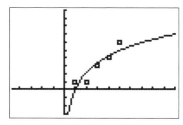

正弦関数回帰: Sinusoidal Regression

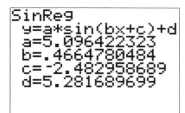 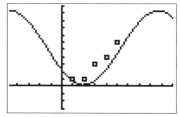

ロジスティック関数回帰: Logistic Regression

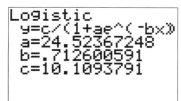 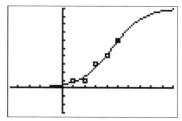

ただ,このドラマに出てきたロジスティック回帰分析は,多変量解析の手法なので,たぶんもっと多くのデータから $y=f(x_1, x_2, x_3, \cdots\cdots, x_n)$ を考えることになります.事件に関する情報 $x_1, x_2, x_3, \cdots\cdots, x_n$ から,保険金殺人である可能性 y を算出しています.

ドラマ　浅見光彦シリーズ「不等辺三角形」

原作　内田康夫　2014年　フジテレビ

不等辺三角形　重心

　　浅見光彦　　「それが作る不等辺三角形の重心は……，この四阿(あずまや)！」

　不等辺三角形とは，二等辺三角形でも正三角形でもない，普通の三角形のことですね．三角形の五心のうち，重心は3中線の交点であると習います．実際に地図上の三角形の重心を求めてみましたが，「この四阿(あずまや)」と重心は少しだけずれていました．
　実は重心には3種類あります．
① 　幾何的重心…重みのある均質な薄い板と考えたときの重心
② 　物理的重心…各頂点に同じ重みがあると考えて他は無視したときの重心
③ 　フレーム重心…各辺を重みのある均質なフレームと考えて他は無視したときの重心（ここでは言及しません）

　三角形 ABC（各点の位置ベクトルを a, b, c とする）の場合，①②は一致して，その位置ベクトルは $(a+b+c)/3$ になります．ところが四角形の重心の場合，①②は一致するとは限りません（一致するときもあります）．四角形 ABCD の物理的重心の位置ベクトルは $(a+b+c+d)/4$ になりますが，幾何的重心は，四角形を2つの三角形に分割した場合にそれらの重心を結ぶ線分上にあり，分割の仕方は2通りありますから，2本の線分ができ，これらの交点が幾何的重心ということになります．

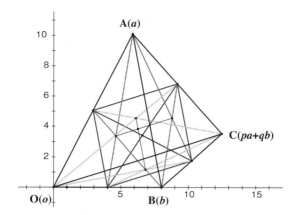

　実際にその位置ベクトルを求めてみました．計算を簡単にするため，図のように，四角形 OACB とし，それら 4 点の位置ベクトルを $o, a, pa+qb, b$ (p, q は実数) としています．

以下，$g_1 \sim g_4, x_1, x_2$ はベクトル，s, t は実数です．

〈物理的重心〉

$$\frac{o+a+b+pa+qb}{4} = \frac{(1+p)a+(1+q)b}{4}$$

〈幾何的重心〉

線分 OC で分割された 2 つの三角形の重心の位置ベクトルは，

$$g_1 = \frac{a+pa+qb}{3}, \quad g_2 = \frac{pa+qb+b}{3}$$

この 2 点を通る直線のベクトル方程式は，

$$x_1 = (1-s) \cdot \frac{a+pa+qb}{3} + s \cdot \frac{pa+qb+b}{3} \quad \cdots \text{(A)}$$

線分 AB で分割された 2 つの三角形の重心の位置ベクトルは，

$$g_3 = \frac{a+b}{3}, \quad g_4 = \frac{a+pa+qb+b}{3}$$

この 2 点を通る直線のベクトル方程式は，

$$x_2 = (1-t) \cdot \frac{a+b}{3} + t \cdot \frac{a+pa+qb+b}{3}$$

(A)(B) の交点を求めるので，連立させます．
(A)(B) より

$$(1-s)\cdot\frac{a+pa+qb}{3}+s\cdot\frac{pa+qb+b}{3}=(1-t)\cdot\frac{a+b}{3}+t\cdot\frac{a+pa+qb+b}{3}$$

$$\{(1-s)(1+p)+sp\}a+\{(1-s)q+s(1+q)\}b=\{(1-t)+t(1+p)\}a+\{(1-t)+t(1+q)\}b$$

係数比較して

$$(1-s)(1+p)+sp=(1-t)+t(1+p)$$
$$(1-s)q+s(1+q)=(1-t)+t(1+q)$$

整理すると

$$p-s=tp,\ q+s=1+tp$$

この連立方程式を解いて

$$s=\frac{p}{p+q},\ 1-s=\frac{q}{p+q}$$

これらを（A）に代入すると，

$$x_1=\frac{q}{p+q}\cdot\frac{a+pa+qb}{3}+\frac{p}{p+q}\cdot\frac{pa+qb+b}{3}$$
$$=\frac{(p^2+pq+q)a+(q^2+pq+p)b}{3(p+q)}$$

となりますので，物理的重心とは特別な場合を除いて一致しません．図の平行四辺形の対角線の交点が物理的重心，中央の短い2本の線分の交点が幾何的重心です．

曲線で囲まれた図形の重心を，積分を使って求める公式があるので，その導出をこちらにまとめてみました．

1 重さをもつ複数の点を結ぶ図形の重心（物理的重心）

重さを無視できる直線上の n 個の点 $x_1, x_2, \cdots, x_n$ での重さが $m_1, m_2, \cdots, m_n$ のときの重心を求めます．重心の位置を $\bar{x}$ とすると，（重心からの位置）×（重さ）の和が0になる点だから，

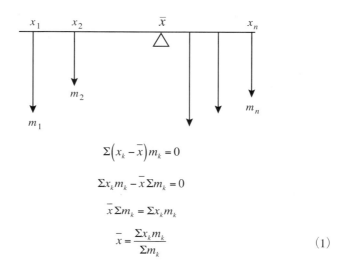

$$\Sigma(x_k - \bar{x})m_k = 0$$

$$\Sigma x_k m_k - \bar{x}\Sigma m_k = 0$$

$$\bar{x}\Sigma m_k = \Sigma x_k m_k$$

$$\bar{x} = \frac{\Sigma x_k m_k}{\Sigma m_k} \tag{1}$$

[例1] 重さを無視できる直線上の2点 x_1, x_2 での重さが1のとき，重心の座標 $\bar{x}$ は，式（1）より，

$$\bar{x} = \frac{x_1 \times 1 + x_2 \times 1}{1+1} = \frac{x_1 + x_2}{2}$$

[例2] 辺の重さを無視できる三角形 ABC の頂点 (x_1, y_1), (x_2, y_2), (x_3, y_3) での重さが1のとき，

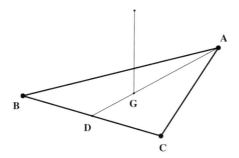

線分 BC の重心 D の x 座標 x_0 は，

$$x_0 = \frac{x_2 + x_3}{2}$$

この点の重さは2だから，線分 AD の重心すなわち三角形 ABC の重心 G の x 座標 $\bar{x}$ は，式（1）より，

$$\bar{x} = \frac{x_0 \times 2 + x_1 \times 1}{1+2} = \frac{\frac{x_2+x_3}{2} \times 2 + x_1 \times 1}{3} = \frac{x_1 + x_2 + x_3}{3}$$

同様に重心の y 座標 $\bar{y}$ は，

$$\bar{y} = \frac{y_1 + y_2 + y_3}{3}$$

2　平面図形を均質な薄い板と考えた場合の重心（幾何的重心）

三角形は物理的重心と幾何的重心は一致しますが，四角形では一致するとは限りませんでした．ここでは，$y=f(x)$ と $y=g(x)$ とで囲まれる図形の幾何的重心を求めてみます．

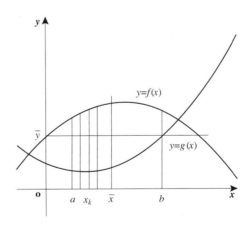

まず，x 軸方向を考えます．図の分割された長方形の面積 $\{f(x_k) - g(x_k)\}\Delta x$ を各 x_k での重さと考えると，式(1)の m_k は $\{f(x_k) - g(x_k)\}\Delta x$ になるの x_k で，分割を無限にすれば，

$$\bar{x} = \frac{\lim \Sigma x_k \{f(x_k) - g(x_k)\} \Delta x}{\lim \Sigma \{f(x_k) - g(x_k)\} \Delta x}$$

$$= \frac{\int_a^b x\{f(x) - g(x)\}dx}{\int_a^b \{f(x) - g(x)\}dx}$$

この分母は図形の面積に等しいので,面積を S とすると,

$$\bar{x} = \frac{1}{S}\int_a^b x\{f(x) - g(x)\}dx \tag{2}$$

次に,y 軸方向を考えます.重心の y 座標を $\bar{y}$ として,(重心からの位置) ×(重さ)を考えます.各分割長方形の重さ(この場合分割長方形の面積)は,$\bar{y}$ をはさんで $\{f(x_k) - \bar{y}\}\Delta x$ と $\{\bar{y} - g(x_k)\}\Delta x$ なので,

$$\Sigma\{f(x_k) - \bar{y}\} \cdot \{f(x_k) - \bar{y}\}\Delta x = \Sigma\{\bar{y} - g(x_k)\} \cdot \{\bar{y} - g(x_k)\}\Delta x$$

$$\Sigma\{f(x_k)^2 - 2f(x_k)\bar{y} + (\bar{y})^2\}\Delta x = \Sigma\{g(x_k)^2 - 2g(x_k)\bar{y} + (\bar{y})^2\}\Delta x$$

$$\Sigma\{f(x_k)^2 - g(x_k)^2\}\Delta x = \Sigma 2\{f(x_k) - g(x_k)\}\bar{y}\Delta x$$

$$\bar{y} = \frac{\Sigma\{f(x_k)^2 - g(x_k)^2\}\Delta x}{\Sigma 2\{f(x_k) - g(x_k)\}\Delta x}$$

分割を無限にすれば,

$$\bar{y} = \frac{\lim \Sigma \{f(x_k)^2 - g(x_k)^2\}\Delta x}{\lim \Sigma 2\{f(x_k) - g(x_k)\}\Delta x}$$

$$= \frac{\int_a^b \{f(x)^2 - g(x)^2\}dx}{\int_a^b 2\{f(x) - g(x)\}dx}$$

$$= \frac{1}{2S}\int_a^b \{f(x)^2 - g(x)^2\}dx \tag{3}$$

[例3] 直線 $f(x) = -2x+4$, x 軸, y 軸とで囲まれる三角形の重心

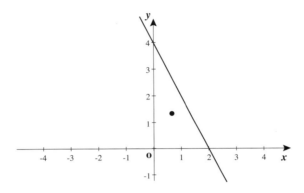

面積 S は,
$$\int_a^b f(x)dx = \int_0^2 (-2x+4)dx = 4$$

式 (2)(3) より,

$$\bar{x} = \frac{1}{S}\int_a^b xf(x)dx = \frac{1}{4}\int_0^2 x(-2x+4)dx = \frac{1}{4} \times \frac{8}{3} = \frac{2}{3}$$

$$\bar{y} = \frac{1}{2S}\int_a^b f(x)^2 dx = \frac{1}{2 \times 4}\int_0^2 (-2x+4)^2 dx$$

$$= \frac{1}{8}\int_0^2 (4x^2 - 16x + 16)dx = \frac{4}{3}$$

よって重心は

$$\left(\frac{2}{3}, \frac{4}{3}\right)$$

これは, 高等学校で既習の, 3点 (0, 0), (2, 0), (0, 4) を結ぶ三角形の重心と一致します.

$$\bar{x} = \frac{x_1 + x_2 + x_3}{3} = \frac{0+2+0}{3} = \frac{2}{3}$$

$$\bar{y} = \frac{y_1 + y_2 + y_3}{3} = \frac{0+0+4}{3} = \frac{4}{3}$$

[例 4] 直線 $f(x)=x+2$ と放物線 $g(x)=x^2$ で囲まれる図形の重心

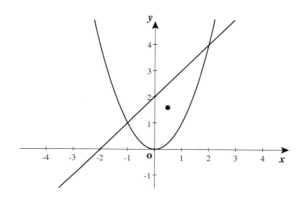

面積 S は，

$$\int_a^b \{f(x)-g(x)\}dx = \int_{-1}^{2}(x+2-x^2)dx = \frac{9}{2}$$

式 (2)(3) より，

$$\bar{x} = \frac{2}{9}\int_{-1}^{2} x(x+2-x^2)dx = \frac{2}{9} \times \frac{9}{4} = \frac{1}{2}$$

$$\bar{y} = \frac{1}{9}\int_{-1}^{2} \{(x+2)^2 - (x^2)^2\}dx$$

$$= \frac{1}{9}\int_{-1}^{2}(x^2+4x+4-x^4)dx = \frac{1}{9} \times \frac{72}{5} = \frac{8}{5}$$

よって重心は

$$\left(\frac{1}{2}, \frac{8}{5}\right)$$

[参考] 重積分で表すと,

$$\bar{x} = \frac{\iint_R x\,dx\,dy}{\iint_R dx\,dy} = \frac{\int_a^b \int_{g(x)}^{f(x)} x\,dx\,dy}{\int_a^b \int_{g(x)}^{f(x)} dx\,dy} = \frac{\int_a^b x\{f(x)-g(x)\}dx}{\int_a^b \{f(x)-g(x)\}dx}$$

$$= \frac{1}{S}\int_a^b x\{f(x)-g(x)\}dx$$

$$\bar{y} = \frac{\iint_R y\,dx\,dy}{\iint_R dx\,dy} = \frac{\int_a^b \int_{g(x)}^{f(x)} y\,dx\,dy}{\int_a^b \int_{g(x)}^{f(x)} dx\,dy} = \frac{\int_a^b \frac{1}{2}\{f(x)^2 - g(x)^2\}dx}{\int_a^b \{f(x)-g(x)\}dx}$$

$$= \frac{\int_a^b \{f(x)^2 - g(x)^2\}dx}{\int_a^b 2\{f(x)-g(x)\}dx} = \frac{1}{2S}\int_a^b \{f(x)^2 - g(x)^2\}dx$$

となり,式 (2) (3) を容易に導くことができます.[*27]

(*27) "Centroids and centers of mass"（University of Pennsylvania=UPENN）

ドラマ　すべてが F になる

原作　森　博嗣　2015 年　フジテレビ

16 進法

16 進法で FFFF は 65535 になる．

n 進法（n 進表記または n 進記数法）の 4 桁の数を，"$abcd_{(n)}$" で表すことにします．これを 10 進法で表すと，
$$a \times n^3 + b \times n^2 + c \times n + d \times 1$$
となります．

① まず 10 進法です．10 進法で使う数字は 0, 1, 2, 3, 4, 5, 6, 7, 8, 9 なので，4 桁の数の表記が "2345" のとき，10 進法で表すと，
$$2 \times 10^3 + 3 \times 10^2 + 4 \times 10 + 5 \times 1 = 2345$$
となります．これは当たり前ですね．

② 次に 2 進法です．2 進法で使う数字は 0, 1 なので，4 桁の数の表記が "$1011_{(2)}$" のときは，10 進法で表すと，
$$1 \times 2^3 + 0 \times 2^2 + 1 \times 2 + 1 \times 1 = 8 + 0 + 2 + 1 = 11$$
となります．

③ では 16 進法です．16 進法で使う数字（文字）は 0, 1, 2, 3, 4, 5, 6, 7, 8, 9, A, B, C, D, E, F で，この場合の F は 15 を意味するので，4 桁の数の表記が "$FFFF_{(16)}$" のとき，10 進法で表すと，

$$F \times 16^3 + F \times 16^2 + F \times 16 + F \times 1$$
$$= 15 \times 16^3 + 15 \times 16^2 + 15 \times 16 + 15 \times 1$$
$$= 65535$$

となります.

ところで,色の分類も 16 進法で表されます.例えば黒は #000000,白は #FFFFFF となります.これをあてはめれば,すべてが F になると,すべてが白になるということになります.

n 進法と似たような言葉に,p は素数として p- 進数(p-adic number)というのがありますが,これは急に難しいお話になります.p- 進数は「小数部分が有限で,整数部分が無限に続く数」をいいます.例えば 2- 進数の場合,

$$\cdots\cdots 111111. = -1$$

となります.なぜなら,2 進法で $1+1=10$ なので,両辺に 1 を加えるとすべてが繰り上がって,

$$\cdots\cdots 000000. = 0$$

となるからです.

ドラマ　スペシャリスト3

脚本　戸田山雅司　2015年　テレビ朝日

ハノイの塔　漸化式

「ハノイの塔」は，3本のポールの左端に，中央に穴の開いた大きさの異なる n 枚のディスクが，小さいものが上になるように積んであり，小さなディスクの上に大きなディスクを乗せないように，1回に1枚ずつどれかのポールに移動させ，なるべく少ない回数ですべてを右端に移動させるゲームです．

このドラマは，上からアルファベットの文字が "cosidemple" と書かれてある10段のハノイの塔の操作中，51手目の状態が "simple code" になり，これが事件解決のためのヒントになるという話です．

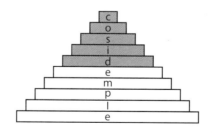

n 段のハノイの塔の最小移動回数 $f(n)$ を求める漸化式の解き方が画面に出ます．n 段の移動には，

① まず $n-1$ 段以上をすべて移動する（$f(n-1)$ 手），
② 一番下の n 段目を移動する（1手），

③ また $n-1$ 段以上をすべて移動する（$f(n-1)$ 手）

という操作になるので，漸化式はそれらの和で次のようになります．
$$f(n) = 2f(n-1)+1, \quad f(1) = 1$$
ドラマではこの解き方が途中までしかなかったので，最後まで解いてみましょう．

$$\begin{aligned}
f(n) &= 2^1\{2f(n-2)+1\}+1 \\
&= 2^2\{2f(n-3)+1\}+2+1 \\
&= 2^3\{2f(n-4)+1\}+2^2+2+1 \\
&= \cdots \\
&= 2^{n-2}\{2f(1)+1\}+2^{n-3}+\cdots+2+1 \\
&= 2^{n-1}f(1)+2^{n-2}+2^{n-3}+\cdots+2+1 \\
&= 2^{n-1}+2^{n-2}+2^{n-3}+\cdots+2+1 \\
&= 2^n - 1
\end{aligned}$$

よって，$f(n) = 2^n - 1$ となりますが，もっと易しく解く方法は高校数学の教科書にあります．

（もっと易しく解く方法）
与えられた漸化式を変形して，[*28]
$$f(n)+1 = 2\{f(n-1)+1\}$$
この式より数列 $\{f(n)+1\}$ は公比 2 の等比数列であることが分かり，初項は $f(1)+1 = 2$ なので，その一般項は，
$$f(n)+1 = 2 \times 2^{n-1}$$
$$f(n) = 2^n - 1$$

主人公の宅間善人はこの結果を知っていたようで，$2^n - 1$ から紙に書き始め，

(*28) この変形は特性方程式を使うと簡単にできます．

$$2^{10}-1 = 2\times2\times2\times2\times2\times2\times2\times2\times2\times2-1$$
$$= 1024-1$$
$$= 1023$$

と書いてから，なぜかいきなり

$$2^5+2^4+2^1+2^0 = 51$$

と計算して，「51手目」とつぶやき，10段のハノイの塔を実際に操作して，51手目の状態が "simple code" になることに気がつきます．

ただ，これは実際に操作しなくても計算で次のように求めることができます．$f(1)=1$, $f(2)=3$, $f(3)=7$, $f(4)=15$, $f(5)=31$, $f(6)=63$ ですから，

$$51 = f(6) \text{ の途中}$$
$$= f(5)+20$$
$$= f(5)+1+19$$
$$= f(5)+1+f(5) \text{ の途中}$$
$$= f(5)+1+f(4)+4$$
$$= f(5)+1+f(4)+1+3$$
$$= f(5)+1+f(4)+1+f(2)$$

すなわち，まず31手で上の5段を移し，次の1手（32手目）で6段目を移し，次の15手（47手目まで）で上の4段を移し，次の1手（48手目）で5段目を移し，あと3手（51手目まで）で上の2段を移します．これでどんな状態になるかを分かり易く次頁の図にまとめてみました．（WolframAlpha というサイトで "Tower of Hanoi 10-disk 51 step" と入力したらちゃんと51手目の状態が表示されました．WolframAlpha はすごい！）

それにしても，主人公がなぜ $2^5+2^4-2^1-20$ を理解したのかが疑問に残りました．

第 2 章　ドラマの中の数学

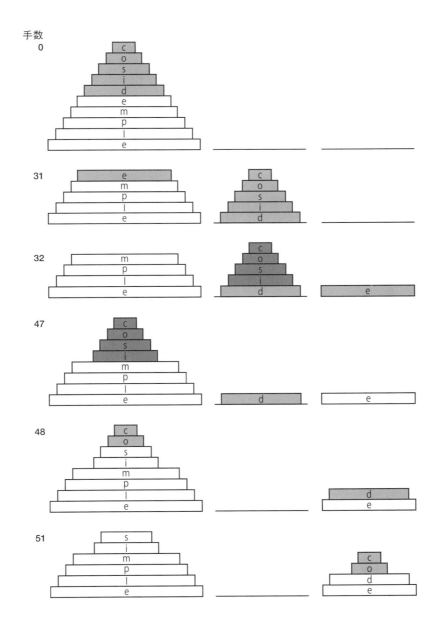

103

ドラマ デート
～恋とはどんなものかしら～

脚本 古沢良太 2015年 フジテレビ

ミレニアム問題　円周率　P対NP問題　素数　フィボナッチ数列

このドラマは理系大学院出身の女性が主役なので，数学の話題がたくさん登場しました．

◆第1話
① 次に経歴についてですが，東京大学大学院数理科学研究科でミレニアム問題の解明について研究した後，内閣府経済総合研究所に入所，現在は横浜研究所で地方自治体の公共施設における民間型不動産価値から見た公民連携手法に関する数理モデルの応用を研究しています．
② あの人とても数学教師とは思えない．小学校で 円周率を3と教えるべきか3.14と教えるべきか真剣に話しているの．バカみたい．円周率は3でも3.14でもない．πよ．
③ 大学時代にいたっては清水けいすけと数えきれないほど研究室で2人きりで一晩中「P versus NP問題」の解読に挑んだものだわ．
④ 私，あなたのデータにときめいていたんだと思います．1979年7月23日生まれ，181cm，67kg．好きな数字ばっかり！　全部素数なんです！　こんなに素数が並ぶなんて奇跡ですよ．宇宙の真理が潜んでいるようでわくわくします．

◆第6話
⑤ 妻は長年ミレニアム問題っていう，ある数学の難問に取り組んで

いてね．ある時「解けるかもしれない」と言い出したんだ．ノーベル賞級なんだよ．
◆第9話
⑥ 89という数字は私の大好きな数字の1つなんです．あのフィボナッチ数列の第11項目の数字であるということはご存じでしょうが，さらにですよ！　どんな数字であっても各位の2乗を足すと必ず1か89になるんです．すごいでしょう！

①「ミレニアム問題」とは，アメリカのクレイ研究所が提示した，2000年現在で未解決の数学の問題のことで，以下の7つがあります．
　1　ヤン-ミルズ方程式と質量ギャップ問題（Yang-Mills and Mass Gap）
　2　リーマン予想（Riemann Hypothesis）
　3　P対NP問題（P versus NP Problem）またはP≠NP予想
　4　ナビエ-ストークス方程式（Navier-Stokes Equation）
　5　ホッジ予想（Hodge Conjecture）
　6　ポアンカレ予想（Poincaré Conjecture）
　　→ペレルマンが証明，2006年に解決済み．
　7　バーチ・スウィンナートン-ダイアー予想（BSD Conjecture）

⑤ミレニアム問題は7つの問題をまとめた呼称なので，この言い方は少しおかしいですね．ノーベル数学賞は残念ながらありません．ノーベル[*29]の恋敵が数学者だったことがその理由だという嘘のような話があります．その恋敵はスウェーデンの数学者ミッタク-レフラー[*30]で，恋の相手はロシア出身の数学者コワレフスカヤ[*31]だと言われています．
⑥「第11項目」を「だいじゅういちこうもく」と言っていましたが，これは「11番目の項」という意味なので，「だいじゅういちこうめ」と言う

(*29)　アルフレッド・ベルンハルド・ノーベル（Alfred Bernhard Nobel 1833-1896）
(*30)　マグナス・グスタフ（ヨースタ）・ミッタク-レフラー（Magnus Gustaf（Gösta）Mittag-Leffler 1846-1927）
(*31)　ソフィア・ヴァシーリエヴナ・コワレフスカヤ（Sofia Vasilyevna Kovalevskaya 1850-1891），愛称はソーニャ．

ノーベル　　　　　コワレフスカヤ　　　　ミッタク-レフラー

べきですね.

「どんな数字であっても各位の 2 乗を足すと必ず 1 か 89 になる」という意味が分かりにくかったので調べてみると,「どんな正の整数も,各位の 2 乗を足して得られた数に,また同じことをして繰り返せば,必ず 1 になるかまたは 4, 16, 37, 58, 89, 145, 42, 20 のループになる」という意味でした. 最後に 1 になる数を Happy Number といい,最後にこのループになる数を Unhappy Number または Sad Number といいます. したがって, 89 は Unhappy Number ということになります.

例えば, 5 と 7 を考えてみましょう. 5 の場合は,

$$5^2 = 25$$
$$2^2 + 5^2 = 4 + 25 = 29$$
$$2^2 + 9^2 = 4 + 81 = 85$$
$$8^2 + 5^2 = 64 + 25 = 89$$

したがって, 5 は Unhappy Number です. 7 の場合は,

$$7^2 = 49$$
$$4^2 + 9^2 = 16 + 81 = 97$$
$$9^2 + 7^2 = 81 + 49 = 130$$
$$1^2 + 3^2 + 0^2 = 1 + 9 + 0 = 10$$
$$1^2 + 0^2 = 1 + 0 = 1$$

したがって, 7 は Happy Number です. Lucky 7 とはよく言ったものです. では不吉とされる 13 はどうでしょう. 計算してみてください. すぐに分

かりますよ.

　ちなみに，20万を超える数列が登録されている「オンライン整数列大辞典 The On-Line Encyclopedia of Integer Sequences（OEIS）」というサイトがあって，この Happy Number の数列

　　　　　1, 7, 10, 13, 19, 23, 28, 31, 32, 44, 49,⋯　（OEIS A007770）

だけでなく，これらが何回の繰り返しで1になるかという数列

　　　　　0, 5, 1, 2, 4, 3, 3, 2, 3, 4,⋯　（OEIS A090425）

まで載っています．すごいですね．

ドラマ　ドラゴン桜

原作　三田紀房 2005 年　TBS

置換積分

偏差値の低い生徒の東大受験がテーマのドラマです．早速第 1 話の冒頭から数学の授業シーンがありました．定積分の問題

$$\int_1^2 x\sqrt{2-x}\,dx$$

で，$2-x=t$ と置換し

$$\int_1^0 (2-t)\sqrt{t}\,(-1)\,dt$$

として解く，高校の数学Ⅲの教科書にあるような基本的な問題でした．
→（解答）14/15

数学Ⅲの教科書で置換積分の例題としてよく登場するものに

$$y = \pm \frac{1}{\sqrt{1-x^2}}$$

$$y = \frac{1}{1+x^2}$$

があります．前者は $x=\sin t$ または $x=\cos t$，後者は $x=\tan t$ で置換しますが，これらは実は逆三角関数（Inverse Trigonometric Function）の導関数，すなわち，

$$\frac{d}{dx}\arcsin x = \frac{1}{\sqrt{1-x^2}}$$

$$\frac{d}{dx}\arccos x = -\frac{1}{\sqrt{1-x^2}}$$

$$\frac{d}{dx}\arctan x = \frac{1}{1+x^2}$$

なので，このことを知っていれば，これらの積分が置換積分を用いることなしにできます．例えば，

$$\int_0^1 \frac{1}{1+x^2}dx = \left[\arctan x\right]_0^1$$
$$= \arctan 1 - \arctan 0$$
$$= \frac{\pi}{4}$$

というように容易に計算することができます．

　逆三角関数は世界中最も多くの国で普及している高校カリキュラム「国際バカロレア・ディプロマ・プログラム（IB Diploma Program）」のMathematics Higher Level（主に理系向き）で扱われています．日本の高校も数学Ⅲで扱えばいいのではないかと思います．

Column 2　ドラマ編

ドラマ　雪の女王　第1話
2006年　韓国

　韓国のエリート高校「韓国科学高校」の図書館．数学書にこれまで聞いたことのない "Kobrodsy Function" というのが出てきたので検索してみたところ，このドラマの監修を担当したソウル大学研究員の文章が見つかり，実はこのドラマの中だけで名付けられたものだと分かりました．その由来は Kobrodsy＝KBS（Korea Broadcasting System）．以前「古畑任三郎」にも「ファルコンの定理」という架空の用語が出てきたことを思い出しました．
　ドラマを見ていて思ったのですが，韓国の人はフルネームで呼び合うことが多いようです．

ドラマ　チープ・フライト
脚本　樫田正剛　2013年　日本テレビ

　　友花　「だから私はつかんだ仕事を投げ出したりはしないし，『やっぱゆとりは……』なんて言わせたくない．」
　　優希　「ゆとりは頑張り屋だなあ．」
　　友花　「うん，私たちは『円周率が3』なんて習ってないし，学力低下は個人の問題だもん．」

　この「ゆとり」は「ゆとり教育」のことですね．それまでの「つめこみ教育」が反省されて1980年度小学校学習指導要領から始まりましたが，「学力低下」が問題になり，2013年度（数学と理科以外は2014年度）の高3で「ゆとり教育」は終わります．施行当時，ある塾が「円周率が3になった」などと誇大な情報を流し，マスコミも同様の報道をしてしまって

大きな誤解を生み，いまだにそう思っている人が多いと思います．それを皮肉るように東大の入試で「円周率は3.05より大きいことを証明せよ」という問題が出題されました．実際は，小学校学習指導要領第2章各教科第3節算数で「円周率としては3.14を用いるが，目的に応じて3を用いて処理できるよう配慮する必要がある．」となっています．つまり，小数の計算を習っていない段階の小学生には「円周は直径の約3倍強」と教えてもいいということでしょう．

ところでこの2つ目の台詞「ゆとりは頑張り屋だなあ．」はおかしいですね．「ゆとり」を人名のように使っています．「友花は頑張り屋だなあ．」が正しい台詞でしょう．

ドラマ　35歳の高校生　第1話

製作　大平　太　2013年　日本テレビ

主役の35歳の高校生，馬場亜矢子が数学の問題を解くシーンで，3カ所ほど突っ込みどころがありました．

① タイトルが「数学演習〈二次方程式〉」となっていましたが，実際は〈複素数の計算〉〈高次式〉の問題でした．

② （問1）は，$x=1+\sqrt{2}i$ のとき，x^2-2x+3 を求める問題．

式変形の途中，

$$(1+\sqrt{2}i)^2 - 2(1+\sqrt{2}i) + 3 = 1+2\sqrt{2}i-2-2-2\sqrt{2}i+3$$

とすべきところが，

$$1+2\sqrt{2}i-2-2+2\sqrt{2}i+3$$

となっていました．最後は正解だったので，写し間違いでしょう．

③ （問2）はその結果を利用して，$x=1+\sqrt{2}i$ のとき，x^3-3x^2+6x+4 を求める問題．

まず筆算で式の割算

$$(x^3-3x^2+6x+4) \div (x^2-2x+3)$$

をして，

$$(x^3-3x^2+6x+4)=(x^2-2x+3)(x-1)+x+7$$

とするのですが，その筆算に $(x-1)$ 商が抜けていました．しかし，これも最後は正解でした．

　ドラマの中でこういうシーンを指導する人がいると思うのですが，ただ問題と解答を示すだけでなく，撮影する時によく見て間違いがないか再確認してほしいものですね．

第**3**章

映画の中の数学

映画　おもひでぽろぽろ
Only Yesterday

原作　岡本　螢・刀根夕子　1991 年　スタジオジブリ

分数の割算

姉　　「九九を始めから言ってみなさい．」
たえこ　「九九なんて言えるわよ．もう 5 年生だよ．」
姉　　「九九ができるならどうして間違ったのよ！」
たえこ　「だって分数の割算だよ．」
姉　　「分母と分子をひっくり返して，掛けりゃいいだけじゃないの．学校でそう教わったでしょ？」
たえこ　「うん……．」
姉　　「じゃあどうして間違ったの！」
たえこ　「分数を分数で割るって，どういうこと？」
姉　　「ええ？」
たえこ　「2/3 個のりんごを，1/4 で割るっていうのは，2/3 個のりんごを，4 人で分けるとひとり何個かってことでしょう？」
姉　　「うん……．」
たえこ　「だから，1，2，3，4，5，6 で，ひとり 1/6 個．」
姉　　「違う，違う，違う，違う．それは掛け算．」
たえこ　「ええ！どうして？掛けるのに数が減るのー？」
姉　　「2/3 個のりんごを，1/4 で割るっていうのは……，とにかく，りんごにこだわるからわかんないのよ．掛け算はそのまま，割算はひっくり返すって覚えればいいの．」

小説「陽気なギャングが地球を回す」でも述べましたが，割り算には「等分除」と「包含除」の2つの意味があります．「等分除」は，例えば6個の物を2人で分けるとか3人で分けるなど，文字通り「等分すること」です．ただしこれは割る数が正の整数に限られます．一方「包含除」は，例えば6の中に1/2はどれだけ含まれているかというように，割る数がどれだけ割られる数に含まれているかという意味で，この場合は割る数が正の整数とは限りません．

　分数で割るというのは後者の場合に当てはまります．2のなかに1/3はいくつあるか．1の中に1/3は3つありますから，2のなかには2×3＝6個ありますね．つまり2÷1/3＝2×3＝6となります．したがって，2÷1/3＝2×3ということになります．

　形式的ですが，ほかにもこんな説明の仕方があります．

$$1/2 \div 3/4$$

この分母と分子に4/3を掛けると，

$$= (1/2 \times 4/3) \div (3/4 \times 4/3)$$
$$= (1/2 \times 4/3) \div 1$$
$$= 1/2 \times 4/3$$

映画　プルーフ・オブ・マイ・ライフ

原作　デヴィッド・オーバーン　2005 年　アメリカ

ソフィー・ジェルマン素数: Sophie Germain prime

Hal 「ソフィー・ジェルマンか．"ジェルマン素数"の？」
Catherine 「そう」
Hal 「$2p+1=$ 素数．$2 \times 2+1=5$．2 も 5 も素数だ」
Catherine 「または $92305 \times 2^{16998}+1$」
Hal 「そうだ」
Catherine 「今知られている最大素数」

p も $2p+1$ も素数であるとき，p をソフィー・ジェルマン素数，$2p+1$ を安全素数（Safe Prime）といいます．ここに登場した値は 5122 桁で 1998 年当時の最大ですが，その後次々と最大のものが見つかっています.[*32]

2009 年	$648621027630345 \times 2^{253824} - 1$	76424 桁
2010 年	$183027 \times 2^{265440} - 1$	79911 桁
2012 年	$18543637900515 \times 2^{666667} - 1$	200701 桁
2016 年	$2618163402417 \times 2^{1290000} - 1$	388342 桁

この 2016 年の最大ソフィー・ジェルマン素数の桁数を，常用対数を使って確認してみましょう．-1 をしなくても桁数は変わらないので，

[*32]　ソフィー・ジェルマン（Sophie Germain 1776-1831）

$2618163402417 \times 2^{1290000}$ の桁数を計算します．

$$\log(2618163402417 \times 2^{1290000})$$
$$= \log 2618163402417 + 1290000 \log 2$$
$$= 388341.1124\cdots$$

となり，指数の形にすると，

$$10^{388341} < 2618163402417 \times 2^{1290000} < 10^{388342}$$

例えばある整数 x が次の不等式を満たす場合，

$$10^1 \leq x < 10^2$$

x は 2 桁になりますから，同様に右辺の指数をとって 388342 桁ということになります．

ソフィー・ジェルマン素数だけでなく，素数にはほかにもいろいろなものがあります．変わったものでは，差が 6 である 2 つの素数をセクシー素数（Sexy Primes）といい，例えば（5, 11），（7, 13）など多数あります．なぜこんな名前になったのか気になりますね．これはラテン語で 6 のことを sex というからだそうです（なーんだ！ という声が聞こえてきそうですね）．

ちなみにラテン語で 2 は Duo．デュオは日本語でもよく使います．7 = septem，8 = octo，9 = novem，10 = decem．「ber」をつけたら月の名前になりますが，2 つずつずれています．これは現在の 7 月と 8 月が後から間に入ったというのではなく，もともと 3 月が年の始めだったからだそうです．

すべての素数の中で 2016 年までに見つかった最も大きなものは，2 の 7420 万 7281 乗から 1 を引いた数です．同じように常用対数を使って計算してみてください．正解は後で出てきます．

映画　ダ・ビンチ・コード

原作　Dan Brown　2006年　ソニー・ピクチャーズ

フィボナッチ数列

ラングドン　「このフィボナッチ数列は順序が違う．ソニエールが残した暗号かも知れない．」

13-3-2-21-1-1-8-5

O, Draconian devil!

Oh, lame saint

P.S. Find Robert Langdon

ラングドン　「この文章は意味がない．文字を並べ替えよということかも知れない．」
ソフィー　「アナグラム（Anagram）？」
ラングドン　「……，文字を並び替えると，Leonardo Da Vinci, The Mona Lisa」
（中略）
銀行員　「鍵を認識させ，口座番号を入力すれば金庫が出てきます．ご本人だけが知る10桁の数字が必要です．」
ラングドン　「10桁．あのフィボナッチ数列？ 並べ替えた数列かな？」
（入力番号）　「1123581321」
ラングドン　「運命の瞬間だ」
（表示）　「番号承認」

第3章 映画の中の数学

　フィボナッチ数列は，小説「浜村渚の計算ノート」で「またフィボナッチ数列か……自然界だけではなく，殺人事件にもよく出てくる数列だ．」などと言われるぐらい有名な数列ですが，高校で等差・等比数列や他の数列を学んでも，3項間漸化式まで学習しなければ，一般項を導くことができません．

　まず一般の3項間漸化式

$$a_{n+2} + ba_{n+1} + ca_n = 0 \qquad \cdots(1)$$

を解いてみましょう．特性方程式

$$t^2 + bt + c = 0$$

の解を，α, β とすると，式(1)は次のように変形できます．

$$a_{n+2} - \alpha a_{n+1} = \beta(a_{n+1} - \alpha a_n) \qquad \cdots(2)$$

$$a_{n+2} - \beta a_{n+1} = \alpha(a_{n+1} - \beta a_n) \qquad \cdots(3)$$

ここで，$a_{n+1} - \alpha a_n = p_n$，$a_{n+1} - \beta a_n = q_n$ とおくと，それぞれが等比数列になるのでその一般項は，

$$p_n = p_1 \cdot \beta^{n-1}, \quad q_n = q_1 \cdot \alpha^{n-1}$$

すなわち，

$$a_{n+1} - \alpha a_n = p_1 \cdot \beta^{n-1} \qquad \cdots(4)$$

$$a_{n+1} - \beta a_n = q_1 \cdot \alpha^{n-1} \qquad \cdots(5)$$

(5) − (4) をすると，

$$(\alpha - \beta)a_n = q_1 \cdot \alpha^{n-1} - p_1 \cdot \beta^{n-1}$$

$$a_n = \frac{1}{\alpha - \beta} \cdot \left(q_1 \cdot \alpha^{n-1} - p_1 \cdot \beta^{n-1}\right) \qquad \cdots(6)$$

この式が，特性方程式が異なる2つの実数解をもつときの一般項になります．

ここでフィボナッチ数列の条件をあてはめます．

$$a_1 = 1, \ a_2 = 1, \ \ a_{n+2} = a_n + a_{n+1}$$

ですから，式(1)の $b=-1, c=-1$ にあたるので，特性方程式は

$$t^2 - t - 1 = 0$$

となり，その解は $\alpha = \dfrac{1+\sqrt{5}}{2}, \beta = \dfrac{1-\sqrt{5}}{2}$ になります．

$$q_1 = 1 - \beta = \frac{1+\sqrt{5}}{2}, \ \ p_1 = 1 - \alpha = \frac{1-\sqrt{5}}{2}$$

なので，式(6)よりフィボナッチ数列の一般項は

$$a_n = \frac{1}{\sqrt{5}} \left\{ \left(\frac{1+\sqrt{5}}{2} \right)^n - \left(\frac{1-\sqrt{5}}{2} \right)^n \right\}$$

となり，ドラマ「ガリレオ」で紹介した式と同じ式が得られました．この式はビネの公式と呼ばれていますが，ビネという人が発見したものではないそうです．

映画　サマー・ウォーズ

原作　細田　守　2009年　ワーナー・ブラザース

Shor の因数分解アルゴリズム　モジュロ演算　暗号

　主人公の健二が夏希の誕生日の曜日を当てる（実はモジュロ演算で計算して求める）場面．文庫本 2009 年 8 月 20 日発行第 3 版では，

　　夏希「わたし？　7 月 19 日．平成 4 年」
　　健二「土曜日です」
　　夏希「え？」
　　健二「1992 年 7 月 19 日は，日曜日です」

　始めに「土曜日」といっておいて，次に「日曜日」と答えていたのでこれはおかしいと思って映画を見てみたら，台詞は次のようになっていました．

　　夏希「わたし？　7 月 19 日．平成 4 年の」
　　健二「日曜日です」
　　夏希「え？」
　　健二「1992 年 7 月 19 日は，日曜日でした」

　文庫本は間違いで，映画の方が正しかったということになります．

モジュロ演算はツェラーの公式(*33)(Zeller's Congruence)が元になっています．1582年以降の場合，西暦の上2桁を J, 下2桁を K, 月を m, 日を d として，まず次の値を求めます．

$$\left[\frac{J}{4}\right] - 2J + K + \left[\frac{K}{4}\right] + \left[\frac{26(m+1)}{10}\right] + d$$

ここで $[x]$ はガウス記号，すなわち x を超えない最大の整数です．ただし1月・2月は前年の13月・14月として計算します．最後にこの値を7で割ったときの余りが，0なら土曜，1なら日曜，……，6なら金曜になります．

夏希の誕生日は西暦1992年7月19日なので，

$$\left[\frac{19}{4}\right] - 2 \times 19 + 92 + \left[\frac{92}{4}\right] + \left[\frac{26(7+1)}{10}\right] + 19 = 120$$

となり，これを7で割った余りは1となるので日曜日になります．ちなみに，私の誕生日も日曜日だったということがわかりました．各自で自分の誕生日を計算してみてください．

(*33) ジュリアス・クリスチャン・ヨハネス・ツェラー (Julius Christian Johannes Zeller 1822-1899)

映画　スパイアニマル・G フォース

2009 年　アメリカ

有限体　一変数多項式　因数分解

モグラのスペクルズが，暗号解読に取り組んでいる場面で次のように言っていました．

> "I have to factor univariate polynomial over a finite field.（有限体上の一変数多項式を因数分解しなければならないんだ．）"

有限体（finite field）上の一変数多項式因数分解は，暗号理論に使われています．体とは，有理数・実数・複素数などのように，加法・乗法の演算が定義されていて，0 以外の元が常に乗法逆元をもつ集合をいいます．その中で，有限個の元をもつものを有限体またはガロア体(*34)（Galois field）といいます．

有限体の簡単な例として剰余類というものがあります．例えば F_p とは，素数 p で割った余りが等しいものを同じ数とみなしてできる有限体で，$p=3$ のときは $\{0, 1, 2\}$ の 3 個の元から成ります．この場合，普通の計算で 4 になったら，それは 3 で割った余りが 1 なので，1 と表します．この関係を $4 \equiv 1 \pmod{3}$ と表します．

(*34)　エヴァリスト・ガロア（Évariste Galois 1811-1832）

〈例〉

$P(x) = x^3 + x + 1$ を，有限体 F_3 上の（有限体 F_3 の元を係数にもつ）一変数多項式として因数分解してみましょう．

この式に $x = 1$ を代入すると 3 になりますが，3 は 3 で割り切れるので，

$$P(1) = 3 \equiv 0 \,(\mathrm{mod}\ 3)$$

となり割り切れました．したがって，因数定理より $P(x)$ は因数 $x-1$ を持ちます．

そこで $P(x) = x^3 + x + 1$ を $x - 1$ で普通に割り算すると，商が $x^2 + x + 2$ で余りが 3 になりますが，$3 \equiv 0 \,(\mathrm{mod}\ 3)$ だからまた割り切れました．したがって，

$$P(x) = (x-1)(x^2 + x + 2)$$

となりますが，係数を $F_3 = \{0, 1, 2\}$ だけで表せば，$-1 \equiv 2 \,(\mathrm{mod}\ 3)$ なので，

$$P(x) = (x+2)(x^2 + x + 2)$$

となり，有限体 F_3 上で因数分解されました．

逆にこの式を展開してみましょう．

$$(x+2)(x^2 + x + 2) = x^3 + 3x^2 + 4x + 4$$

ここで，$3 \equiv 0 \,(\mathrm{mod}\ 3)$，$4 \equiv 1 \,(\mathrm{mod}\ 3)$ ですから，

$$(x+2)(x^2 + x + 2) = x^3 + x + 1$$

となり，有限体 F_3 上で展開したら元の式を得られました．

映画　カイジ 人生逆転ゲーム

原作　福本伸行　2009 年　東宝

複利計算

　主人公の伊藤開司(カイジ)が高利貸の遠藤凛子に借りた 5000 万円を使って最後の勝負に勝ち，5 億円を手にしますが，その借金の利息は 10 分間に 30% の複利で 68 分間借りていたので，1 億円返してもさらに 1 億 9770 万 4090 円を返済しなければなりませんでした．その根拠となる計算をしてみましょう．

　10 分ごとに 1.3 倍，それが 68 分 = 10 分の 6.8 倍ですから，

$$5000 万 \times 1.3^{6.8} = 2 億 9770 万 4089.2 円$$

となり，1 億円を引くと 1 億 9770 万 4090 円になるというわけです．

　さて，これを 1 分間で 3% の複利にしたらどうなるでしょう？ 1 分ごとに 1.03 倍，それが 68 分ですから，

$$5000 万 \times 1.03^{68} = 3 億 7316 万 5327.2 円$$

となり，もっと大金を返済しなければなりません．

　では，もっと短い期間ごとの複利にすればもっと金額は増えるでしょうか．この場合を 1 秒ごとの複利で計算してみましょう．1 秒ごとに $1 + 0.03 \div 60 = 1.0005$ 倍，それが $68 \times 60 = 4080$ 秒ですから，

$$5000 万 \times 1.0005^{4080} = 3 億 8433 万 4464.7 円$$

となり，さらに大金を返済しなければなりません．

では，複利計算する期間を限りなく0に近づけた場合の極限はどうなるでしょうか．無限に増えるでしょうか．それともある額を超えないでしょうか．これを連続複利といい，次の計算で求めます．

$$5000\,万 \times e^{0.3 \times 6.8} = 3\,億\,8453\,万\,0459.9\,円$$

（e は自然対数の底＝ネイピア数＝$2.718281828459045\cdots$）
となり，実はこれ以上増えません．

この e という定数は世界中最も多くの国で普及している高校カリキュラム「国際バカロレア・ディプロマ・プログラム（IB Diploma Program)」の Mathematics Standard Level（主に数学を使う文系向き）と Mathematics Higher Level（主に理系向き）で扱われています．日本の高校も，数学Ⅲだけでなく数学Bの数列でも扱えばいいのではないかと思います．

映画 猿の惑星:創世記(ジェネシス)
Rise of the Planet of the Apes

監督 ルパート・ワイアット 2011年 20世紀フォックス

ハノイの塔 Tower of Hanoi (=Lucas Tower)

「ハノイの塔」はドラマ「スペシャリスト3」にも登場しました．3本のポールの左端に，中央に穴の開いた大きさの異なる n 枚のディスクが，小さいものが上になるように積んであり，小さなディスクの上に大きなディスクを乗せないように，1回に1枚ずつどれかのポールに移動させ，なるべく少ない回数ですべてを右端に移動させるゲームです．

薬剤の投与で賢くなった猿がハノイの塔（映画の中では Lucas Tower）をすばやく仕上げる場面があり，ディスクが4枚のときの最小移動回数は15回という内容の台詞がありました．

n 枚のディスクを移動させるには，$n-1$ 枚をまずほかの場所に移動させて，次に最下部の1枚を目的の場所に移動させ，いったん移動させた $n-1$ 枚をもう一度最下部の上に移動させなければならないので，n 枚のときの最小移動回数を a_n とすると，

$$a_n = a_{n-1} + 1 + a_{n-1}$$

すなわち

$$a_n = 2a_{n-1} + 1$$

という簡単な漸化式が成り立ちます．これを変形すると，

$$a_n + 1 = 2(a_{n-1} + 1)$$

よって，$\{a_n + 1\}$ は初項 2，公比 2 の等比数列になり，

$$a_n + 1 = 2 \times 2^{n-1}$$
$$a_n = 2^n - 1$$

となるので，[*35] $n=4$ の場合の最小移動回数は $2^4 - 1 = 15$ となります．

　余談ですが，猿の保護施設職員で猿をいじめる役があのハリーポッターのドラコ・マルフォイ役の俳優であることを知らなかったので，見ているときに気付いたときは驚きました．

[*35]　ドラマ「スペシャリスト3」で導出しました．

映画　武士の家計簿

原作　磯田道史　2010 年　松竹

俵杉算　塵劫記　円周法　鶴亀算

おばばさま　「タケノコは積んである．下の段は 13 個．2 段目は 12 個．段々減って一番上は 1 個だと全部で何個かな．」
猪山直之　「俵杉算ですな．至極簡単です．91 です．」
おばばさま　「おっほほほほほほ，ご名算．」

これは俵を杉の木の形に積んでいくので俵杉算といいます．

$$1+2+3+\cdots\cdots+13=91$$

という計算ですが，高校数学では等差数列の和の公式

$$\sum_{k=1}^{n} k = \frac{n(n+1)}{2}$$

を使って，

$$\sum_{k=1}^{13} k = \frac{13 \cdot 14}{2} = 91$$

と求めますね.

　あとで原作を読んで知りましたが，映画の中で和算の問題を出題していたおばばさまの父は御算用者の小頭，弟は加賀藩で屈指の数学者だったそうです.

　ところで同じ計算ですが，世界3大数学者の1人であるガウスが少年の時，

$$1+2+3+\cdots\cdots+100=5050$$

を即座に計算して出題した先生を驚かせたという逸話は有名です.

　さて，これが無限個の和になると∞になるはずですが，ζ（ゼータ）関数では，

$$\zeta(-1) = "1+2+3+4+\cdots\cdots" = -\frac{1}{12}$$

となります．不思議ですね.

　私がこれまでに最も驚いた無限和は次の式（バーゼル問題）です.

$$\zeta(2) = \sum_{n=1}^{\infty} \frac{1}{n^2} = 1 + \frac{1}{2^2} + \frac{1}{3^2} + \frac{1}{4^2} + \cdots\cdots = \frac{\pi^2}{6}$$

もうひとつ印象的だったのが，調和級数は

$$\zeta(1) = \sum_{n=1}^{\infty} \frac{1}{n} = 1 + \frac{1}{2} + \frac{1}{3} + \frac{1}{4} + \cdots\cdots = \infty$$

なのですが，n項までの和から$\log_e n$を引いて極限をとると，

$$\lim_{n \to \infty} \left(\sum_{k=1}^{n} \frac{1}{k} - \log_e n \right) = 0.57721\cdots$$

というオイラーのガンマ（Euler's γ）と呼ばれる定数になるということです.

あとひとつおばばさまが出題するシーンがあったのですがよく聞き取れませんでした．この部分です．

おばばさま　「円の中の〇〇〇〇」
猪山直之　　「円周法ですか．難問ですなあ．」

映画　天地明察

原作　冲方　丁　2012年　角川映画／松竹

和算　算術　算額　半菱形

　原作の問題に間違いがあったので，映画ではどうなるのか楽しみにしていましたが，映画で登場した問題は小説とは違っていました．

[問題1]　半菱形（二等辺三角形）の底辺が1尺6寸，その中に内接する円の円径（直径）が9寸6分のとき，斜辺と高さを求めよ．

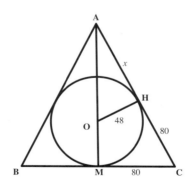

　長さの単位はすべて「分」とし，図のAHをxとします．△AMC∽△AHOなので，

$$AM:MC = AH:HO$$

$$\sqrt{(x+80)^2 - 80^2} : 80 = x : 48$$

$$80x = 48\sqrt{(x+80)^2 - 80^2}$$
$$5x = 3\sqrt{(x+80)^2 - 80^2}$$
$$25x^2 = 9(x^2 + 160x)$$
$$16x^2 - 1440x = 0$$
$$x^2 - 90x = 0$$
$$x(x-90) = 0$$
$$x = 90$$
$$AC = x + 80 = 90 + 80 = 170$$
$$AM = \sqrt{170^2 - 80^2} = 150$$

よって,斜辺 = 17 寸(1 尺 7 寸),高さ = 15 寸(1 尺 5 寸)となります.

[問題2] 円の直径が 10 寸(1 尺),その一部の弓形の弦が 9 寸のとき,弓形の弧の長さを求めよ.

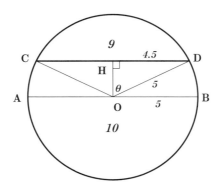

図より

$$CD = 2HD = 2 \times OD\sin\theta$$
$$9 = 10\sin\theta$$
$$\sin\theta = 0.9$$

ここからは日本の高校生なら普通,三角比の表を見て

θ	$\sin\theta$
64°	0.8988

$$\theta \fallingdotseq 64°$$

なので，$2\theta \fallingdotseq 128°$ だから弧 CD の長さは，

$$10\pi \times \frac{128°}{360°} = 11.1644\cdots \fallingdotseq 11.2$$

と答えますが，関数電卓があれば，逆三角関数を使って次のように計算します（ここで，$\sin^{-1}(0.9)$ は $\sin\theta = 0.9$ を満たす角 θ を表します）．

$$10\pi \times \frac{2\sin^{-1}(0.9)}{360°} = 11.1976\cdots \fallingdotseq 11.2$$

よって，弓形の弧の長さは，約 11.2 寸（1 尺 1 寸 2 分）となります．

映画　容疑者Ｘの献身

著作　東野圭吾　2008年　東宝

二次方程式　定積分の公式

　物理学者の湯川学が，友人の数学者の関わった殺人事件のトリックを解き明かす話です．

　　内海　「科学で証明できないことはさっぱり理解不能なくせに．」
　　湯川　「そんなものがどこにある？」
　　内海　「ありますよ．例えば……，愛．」
　　湯川　「愛？　確かにそれは非論理的なものの象徴だ．例えば，こんな二次方程式があったとしよう．$ax^2+bx+c=$愛．」
　　内海　「愛？」
　　湯川　「こんな問題は誰にも解けない．」
　　内海　「当たり前です．」
　　湯川　「もし三角形の面積が底辺×高さ÷愛だったら．円の面積が半径×半径×愛だったら．」
　　内海　「そんなの誰にも解けません！」
　　湯川　「つまり愛などというものについて考えるということは……．」
　　内海　「もう結構です．時間の無駄でした．」
　　湯川　「分かればよろしい．」

　二次方程式 $ax^2+bx+c=$愛について「こんな問題は誰にも解けない」といっていましたが，音声だけを聞くと，「愛」よりも虚数単位 i を思い浮

かべますね．物理学者ならそう思わなかったのでしょうか．さて，二次方程式
$$ax^2+bx+c=i$$
なら解くことができます．例えば，$a=1, b=1, c=1$ とすると，
$$x^2+x+1=i$$
$$x^2+x+1-i=0$$
解の公式より
$$x=\frac{-1\pm\sqrt{1-4(1-i)}}{2}=\frac{-1\pm\sqrt{-3+4i}}{2}=\frac{-1\pm(1+2i)}{2}$$
よって解は，$x=i$ または $x=-1-i$ となります．

　次は数学の授業シーンでの板書です．ある問題を苦労して解いた後に，実はこんな公式を使うと簡単に解けるよという流れだと思われます．数学Ⅱの範囲ですが，教科書には載っていない定積分の公式です．

$$\begin{aligned}\int_\alpha^\beta (x-\alpha)^{n-1}(x-\beta)dx &= \int_\alpha^\beta (x-\alpha)^{n-1}(x-\alpha+\alpha-\beta)dx \\ &= \int_\alpha^\beta \{(x-\alpha)^n + (\alpha-\beta)(x-\alpha)^{n-1}\}dx \\ &= \left[\frac{1}{n+1}(x-\alpha)^{n+1} + \frac{\alpha-\beta}{n}(x-\alpha)^n\right]_\alpha^\beta \\ &= -\frac{1}{n(n+1)}(\beta-\alpha)^{n+1}\end{aligned}$$

という公式ですが，$n=2$ のときは，教科書にも載っていてよく使われる公式
$$\int_\alpha^\beta (x-\alpha)(x-\beta)dx = -\frac{1}{6}(\beta-\alpha)^3$$
になります．この説明の直前に解いた問題は，
$$\begin{aligned}\int_1^2 (x-1)^3(x+2)dx &= \int_1^2 \{(x-1)^4 + 3(x-1)^3\}dx \\ &= \left[\frac{1}{5}(x-1)^5 + \frac{3}{4}(x-1)^4\right]_1^2 \\ &= \frac{19}{20}\end{aligned}$$

でした．が，上の公式を使うには，
 ① 1行目の $(x+2)$ を $(x-2)$ にする
または
 ② 積分区間の終点を -2 に変える
のどちらかをしなければだめです．つまり，公式を紹介する直前の問題が，公式を使える例ではなかったということです．

①の場合なら
$$\int_1^2 (x-1)^3(x-2)dx = \int_1^2 \{(x-1)^4 - (x-1)^3\}dx$$
$$= -\frac{1}{20}$$

公式を使うと
$$\frac{-1}{4\times 5}(2-1)^5 = -\frac{1}{20}$$

②の場合なら
$$\int_1^{-2} (x-1)^3(x+2)dx = \int_1^{-2} \{(x-1)^4 + 3(x-1)^3\}dx$$
$$= \frac{243}{20}$$

公式を使うと
$$\frac{-1}{4\times 5}(-2-1)^5 = \frac{243}{20}$$

になります．

　計算自体にミスはなかったのですが，授業の流れという点ではミスと言えそうです．

映画　真夏の方程式

原作　東野圭吾　2013 年　東宝

空気抵抗を無視した放物運動

「エル＝ジー分のブイ 2 乗サイン……．さっぱりわからん．」

映画のエンドロールの中で，少年の夏休みの自由研究レポートのデータを見たときの父親の台詞です．小説では登場しなかった等式が映画では登場しました．その式は，放物線が多数描かれた紙の右上にメモのように書いてありました．

$$L = \frac{v^2 \sin 2\theta}{g}$$

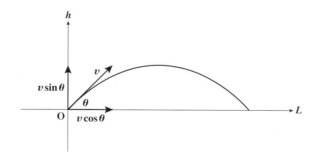

初速度 v，水平面との角度 θ で飛ばされた物体の t 秒後の垂直方向の位置（高さ）h は，重力加速度を g とすると，

$$h = v\sin\theta \cdot t - \frac{1}{2}gt^2$$

水平方向の位置（飛距離）L は

$$L = v\cos\theta \cdot t$$

と表せます．飛行後の着地点は，再び $h=0$ となるのでこれを解くと，

$$t = \frac{2v\sin\theta}{g}$$

この時刻を L に代入すると，

$$L = v\cos\theta \cdot \frac{2v\sin\theta}{g}$$
$$= \frac{v^2 \cdot 2\sin\theta\cos\theta}{g}$$
$$= \frac{v^2 \cdot \sin 2\theta}{g}$$

これが登場した等式です．さて，物体を水平方向に 200m 以上飛ばそうとすると，これに $L=200$ を代入した

$$200 = \frac{v^2 \cdot \sin 2\theta}{g}$$

を満たす v よりも大きな速度で飛ばさなければいけません．ここでは空気の抵抗を無視しているので，$\theta=45°$ で最も遠くへ飛ばせると考えれば，$\sin 2\theta = 1$ なので，

$$200 = \frac{v^2}{g}$$

重力加速度 $g=9.8\text{m/sec}^2$ なので，

$$200 = \frac{v^2}{9.8}$$

を解くと，

$$v^2 = 1960$$
$$v = \sqrt{1960} \fallingdotseq 44.2718$$

となり，初速度 45m/sec は必要ということになります．

ところで，小説にはこの等式は登場しなかったので，タイトルの「真夏の方程式」が意味する方程式はこの式ではないでしょう．少年が「これからいろいろなことを学習し，成長していくことで，今疑問に思っていることがいつかは解決する」ということを「方程式」という言葉で比喩しているものと思われます．

映画 イミテーションゲーム
エニグマと天才数学者の秘密

原作 アンドリュー・ホッジス 2014年 イギリス・アメリカ

アラン・チューリング　暗号　組合せ

ナチスドイツの暗号を解読した数学者チューリング[*36]の話です．

チューリング

〈Trailer〉

"One hundred and fifty nine million million million possible settings. It's unbreakable."

"Let me try and we'll know for sure."

〈字幕 1〉

「暗号の組合せは 150×10^{18} 以上．解読不能だ．」

「私が解読してみせる．」

[*36] アラン・マシスン・チューリング（Alan Mathison Turing 1912-1954）

〈字幕2〉
「1.5×10^{21} 通りのパターンが可能なのだ．解読は不可能だとされている．」
「私がやってみないとわかりません．」

　以上は2種類の字幕つき予告編ですが，正確には 159×10^{18}（または 1.59×10^{20}）です．英語の脚本を確認してみると，暗号の組合せをアランが概算で
　「150×10^{18} 以上．Over one hundred and fifty million million million possible settings.」
と答えたのに対し，ヒュー・アレグザンダーが
　「もう少し正確には159だ．One hundred fifty nine, if you'd rather be exact about it.」
と答えます．さらにヒューは
　「159と0が18個だ．One five nine with eighteen zeroes behind it.」
と続けていました．150×10^{18} は直訳すると "One hundred and fifty nine times ten raised to the power of eighteen." となります．日本の万進法では「一垓五千九百京」といいます．一垓は 10^{20}，一京は 10^{16} です．

　ところで，159×10^{18} のような表し方を科学表記（scientific notation）と言います．似たような表記を調べてみたら以下の5つがありました．

① 科学表記（scientific notation）
（有効数字で構成される数）×（10の累乗）の形，例えば
$$159 \times 10^{18}$$
$$15.9 \times 10^{19}$$
と表す方法を科学表記といい，前半の数を仮数部（coefficient, significand, mantissa），10を基数（radix）または底（base），累乗の部分を指数部（exponent）といいます．基数または底は10とは限りません．

② 指数表記（exponential notation）

科学表記のうち，仮数部 m を
$$1 \leq |m| < 10$$
にした形，すなわち日本の「中学数学1」教科書の表現によると（整数部分が1けたの数）×（10の累乗）の形，例えば
$$1.59 \times 10^{20}$$
と表す方法を，正規化された科学表記（normalized scientific notation）といい，指数表記（exponent notation）ともいいますが，この場合も単に科学表記と呼ぶことが多いようです．

③　工学表記（engineering notation）

科学表記のうち，仮数部の整数部分を1〜3桁で表し，指数部を 10^3 ごとに（指数を3の倍数で）表す方法を工学表記といいます．例えば上の例は
$$159 \times 10^{18}$$
になります．

④　浮動小数点表記（floating point notation）

科学表記は，コンピューター用語では浮動小数点表記ともいい，この数全体を浮動小数点数（floating point number）といいます．標準規格IEEE方式では基数2，IBM方式は基数16で表すのが特徴です．

⑤　E表記（E notation）

電卓で，指数の代りに1.59E20と表す方法．ちなみにグラフ電卓のMODEにNormal, Sci, Engとあるのは，それぞれ10進表記，指数表記，工学表記を表しています．また，同じくMODEにあるFloat 0123456789で有効数字の桁数を指定できます．

以上の表記に対して数の普通の表記を特に10進表記（decimal notation）または標準形（standard form）という場合があります．ちなみに欧米では10の累乗の呼び方にshort scaleとlong scaleというのがあって，10^9 から呼び方が違い，10^{18} はshort scaleではQuintillion, long scaleではTrillionといいます．

143

映画　ルパン三世（実写版）

原作　モンキー・パンチ　2014 年　東宝

Petaminx（正 12 面体パズル）

立方体パズルのルービックキューブ（Rubik's cube）よりもさらに複雑な正 12 面体（dodecahedron）パズルを，峰不二子があっという間に仕上げてしまいます．正 12 面体パズルには，易しい順に Megaminx, Gigaminx, Teraminx, Petaminx と 4 種類ありますが，この映画に登場したものは最も難しい Petaminx でした．

（出所）http://store.tribox.com/products/detail.php?product_id=220 より

mega = 10^6, giga = 10^9, tara = 10^{12}, peta = 10^{15} を意味しますが，それぞれのパズルの組合せの数を調べてみたら以下のとおりでした．

Rubik's cube (3×3×3)	4.33×10^{19}
Megaminx	1.01×10^{68}
Gigaminx	3.65×10^{263}
Teraminx	1.15×10^{573}

第 3 章　映画の中の数学

Petaminx	3.16×10^{996}

とてもこの映画のように数分で仕上げられるものではありません．ほかにも正 4 面体（tetrahedron）やサッカーボールのような 32 面体（切頂 20 面体 = truncated icosahedron）のパズルもありますが，複雑すぎてとてもやる気が起こりませんね．

ちなみに正多面体（regular polyhedron）は正 4, 6, 8, 12, 20 面体と 5 種類あって，プラトンの立体[*37]（Platonic Solid）と呼ばれています．

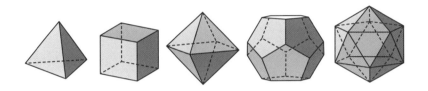

凸な一様多面体のうち，正多面体以外のものは，半正多面体（semi-regular polyhedron）またはアルキメデスの立体[*38]（Archimedean solid）といって 13 種類あり，前述の切頂 20 面体もこれに含まれます．この形のサッカーボールは日本のモルテン社がアルキメデスの立体をヒントに開発したものだそうですが，2006 年ワールドカップからは新しいボールが使われているようです．

（出所）http://interestdotme.blogspot.jp/2014/05/blog-post_25.html より

(*37)　プラトン（Platon BC427-BC347）
(*38)　アルキメデス（Archimedes BC287?-BC212）

映画 ST 赤と白の捜査ファイル

原作 今野 敏 2015年 東宝

空気抵抗を考慮した放物運動

赤城左門が，追われてビルからビルへ飛び移ろうとするときに頭の中に浮かんだとされる数式です．手書きだったので読みづらかったのですが，その後出典らしきものを見つけたので，数式が全部わかりました．以下が登場した数式です．

$$m\frac{d^2x}{dt^2} = -\gamma\frac{dx}{dt}$$

$$m\frac{d^2z}{dt^2} = -mg - \gamma\frac{dz}{dt}$$

$$x(0) = z(0) = 0$$

$$x'(0) = v_0\cos\theta,\ z'(0) = v_0\sin\theta$$

$$x(t) = \frac{m}{\gamma}v_0\cos\theta\left(1 - e^{-\frac{\gamma}{m}t}\right)$$

$$z(t) = \frac{-mg}{\gamma}t + \left(\frac{m}{\gamma}\right)^2\left(g + \frac{\gamma}{m}v_0\sin\theta\right)\left(1 - e^{-\frac{\gamma}{m}t}\right)$$

放物運動ですが，ちゃんと空気抵抗を考慮しています．質量 m，重力加速度 g，抵抗係数 $\gamma>0$，初速度 v_0，投射角度 θ とし，動体の空気抵抗は運動の向きの逆向きで速度の大きさに比例すると仮定します．最初の2式は，

(*39) 茨城大学教育学部数学教育教室→梅津健一郎教授→個人ウェブサイト→ノート→「空気抵抗を加味した放物運動」

水平方向と垂直方向に分けて表した微分方程式，次の2式は初期条件，最後の2式は微分方程式の解を表しています．空気抵抗を考慮しているので，軌跡は放物線になりません．

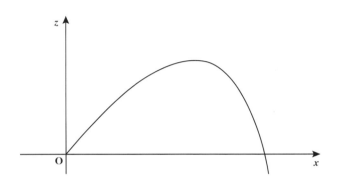

このあと赤城左門は，「解けた！ いける！」と言って，ビルからビルへのジャンプに成功します．しかし，ビルとビルとの間が7mで，手前1mから向かいのビルの端の先1mのところまで合計9mを跳ぶので，これを成功したとなると，走り幅跳びの世界記録8m90cmを上回ることになってしまいます．

出典にはこの微分方程式を解く手順が書かれていなかったので，以下に解いてみました．少し長いのですが，できれば式変形にお付き合いください．

〈水平方向〉

$$m\frac{d^2x}{dt^2} = -\gamma \frac{dx}{dt} \qquad \cdots 微分方程式①$$

$\frac{dx}{dt} = x'$ と表すと，

$$m\frac{dx'}{dt} = -\gamma x'$$

$$\int \frac{1}{x'} dx' = \int -\frac{\gamma}{m} dt$$

$$\log_e |x'| = -\frac{\gamma}{m} t + C_1$$

$$x' = C_2 \cdot e^{-\frac{\gamma}{m} t}$$

$x'(0) = v_0 \cos\theta$ より, $C_2 = v_0 \cos\theta$ なので,

$$x' = v_0 \cos\theta \cdot e^{-\frac{\gamma}{m} t} \qquad \cdots x\text{軸方向の速度}$$

$$x = -\frac{m}{\gamma} v_0 \cos\theta \cdot e^{-\frac{\gamma}{m} t} + C_3$$

$x(0) = 0$ より, $C_3 = \frac{m}{\gamma} v_0 \cos\theta$ なので,

$$x = -\frac{m}{\gamma} v_0 \cos\theta \cdot e^{-\frac{\gamma}{m} t} + \frac{m}{\gamma} v_0 \cos\theta$$

$$= \frac{m}{\gamma} v_0 \cos\theta \left(1 - e^{-\frac{\gamma}{m} t}\right) \qquad \cdots\text{微分方程式①の解}$$

〈垂直方向〉

$$m \frac{d^2 z}{dt^2} = -mg - \gamma \frac{dz}{dt} \qquad \cdots\text{微分方程式②}$$

$\frac{dz}{dt} = z'$ と表すと,

$$m \frac{dz'}{dt} = -mg - \gamma z'$$

$$\int \frac{dz'}{-mg - \gamma z'} = \int \frac{dt}{m}$$

$$-\frac{1}{\gamma} \log_e(-mg - \gamma z') = \frac{1}{m} t + C_1$$

$$\log_e(-mg - \gamma z') = -\frac{\gamma}{m} t + C_2$$

$$-mg - \gamma z' = C_3 \cdot e^{-\frac{\gamma}{m} t}$$

第 3 章　映画の中の数学

$$\gamma z' = -mg - C_3 \cdot e^{-\frac{\gamma}{m}t}$$

$$z' = \frac{-mg}{\gamma} + C_4 \cdot e^{-\frac{\gamma}{m}t}$$

$z'(0) = v_0 \sin\theta$ より，$v_0 \sin\theta = \frac{-mg}{\gamma} + C_4$ だから，$z' = \frac{-mg}{\gamma} + C_4 \cdot e^{-\frac{\gamma}{m}t}$ なので，

$$z' = \frac{-mg}{\gamma} + \left(\frac{mg}{\gamma} + v_0 \sin\theta\right) e^{-\frac{\gamma}{m}t} \quad \cdots y \text{軸方向の速度}$$

$$z = \frac{-mg}{\gamma}t - \frac{m}{\gamma}\left(\frac{mg}{\gamma} + v_0 \sin\theta\right) e^{-\frac{\gamma}{m}t} + C_5$$

$z(0) = 0$ より，$-\frac{m}{\gamma}\left(\frac{mg}{\gamma} + v_0 \sin\theta\right) + C_5 = 0$ だから，$C_5 = \frac{m}{\gamma}\left(\frac{mg}{\gamma} + v_0 \sin\theta\right)$ なので，

$$\begin{aligned}
z &= \frac{-mg}{\gamma}t - \frac{m}{\gamma}\left(\frac{mg}{\gamma} + v_0 \sin\theta\right) e^{-\frac{\gamma}{m}t} + \frac{m}{\gamma}\left(\frac{mg}{\gamma} + v_0 \sin\theta\right) \\
&= \frac{-mg}{\gamma}t + \frac{m}{\gamma}\left(\frac{mg}{\gamma} + v_0 \sin\theta\right)\left(1 - e^{-\frac{\gamma}{m}t}\right) \\
&= \frac{-mg}{\gamma}t + \left(\frac{m}{\gamma}\right)^2 \left(g + \frac{\gamma}{m} v_0 \sin\theta\right)\left(1 - e^{-\frac{\gamma}{m}t}\right) \quad \cdots \text{微分方程式②の解}
\end{aligned}$$

Column 3　映画編

映画　博士の愛した数式

原作　小川洋子　2006 年　アスミック・エース

　小説も映画もいい作品ですが，映画にも少々気になる点があったので，それも見どころのひとつということで述べます．
　$\sqrt{1}=\pm 1$ という誤解を招く表現がありました．

$$\sqrt{1} = +1 \times +1$$
$$\sqrt{1} = -1 \times -1$$

このミスをあとで試写会の時になってから気づいた監修の岡部恒治埼玉大学教授が，その話を雑誌「数学セミナー」2006 年 2 月号で語っています．中学校の数学の先生になった「ルート」君が授業をしているシーンにありますので注目してください．
　小説では江夏のカードを探す場面が間延びして冗長な感を受けましたが，映画ではその場面はなく，あっさりと仕上がっていました．ただ，博士と義姉が能を鑑賞しながら手をつないでいる場面は小説にはなく，不要に思いました．そんな意見を述べたわけではないのですが，その後 TV で放映されたときは，能を鑑賞するシーンはカットされていました．

映画　The Social Network

原作　ベン・メズリック　2010 年　コロンビア映画

　Facebook を創設したマーク・ザッカーバーグを描いた映画です．映画の中に出てきた数式は Arpad Emrick Elo という人が 2 人制ゲームにおける実力の格付けをするため考案した "Elo Rating" という算出法の中で用いる式でした．これは現在，チェスなどの公式的な強さを示す指標として用い

Column 3　映画編

られているそうです．ちなみに映画に登場した式は，対局者 A, B の現在のレートを R_A および R_B としたとき，それぞれが勝利する確率 E_A, E_B を求める式でした．（$E_A + E_B = 1$ になります）

$$E_A = \frac{1}{1+10^{(R_B-R_A)/400}}$$

$$E_B = \frac{1}{1+10^{(R_A-R_B)/400}}$$

　残念ながらそれまでこの数式どころか "Elo Rating" という言葉さえも知りませんでした．この映画のおかげで新たな数式と出会うことになったわけです．世の中，知っていることより知らないことのほうがずっと多いわけですが，たまたま身近に現れた「知らないこと」は「知らない」の一言で終わらせるのではなく，なるべくすぐに調べて自分のものにしてしまえばいいと思いませんか．そうすればまた新たな知識が身につき，成長することができます．常に向上心を持って取り組んでいきましょう．

映画　コクリコ坂から From Up On Poppy Hill

原作　佐山哲郎　2011 年　スタジオジブリ

　1963（昭和 38）年の横浜を舞台にしたこの物語の中に出てくる高校のクラブに「高等数学部」というのがありましたが，なぜこれだけ「高等」という言葉がついていたのでしょう．数学の場合，大雑把にいって「初等数学」は高等学校まで，「高等数学」は大学以上で学習する数学を意味します．つまりこれは「高等学校の数学」ではありません．すなわちこのクラブは大学程度の数学を高校生が学習しようというクラブなのです．数学は積み重ねが必要ですから，当然高等学校までの数学を習得していなければこのクラブ活動はできません．

　昭和時代中期の高校生は大学生にも負けない学生運動をしていたこともありました．この時代は高校生が今よりもずっと大人だった（または背伸びしていたともいえる）時代だったようです．1950（昭和 25）年まで存在した旧制高等学校（現在の大学教養課程にあたる）の後，現在の新制高等学校になってまだ間もない頃の話です．

　似た言葉に「初等関数」「高等関数」があります．これも大雑把にいうと，

「初等関数」は日本の高等学校までに登場する主な関数に加えて逆三角関数の主値（一価関数にするために値域を制限したもの）などで，「高等関数」は定義に積分記号や無限の操作が入る，たとえばガンマ関数やゼータ関数などを意味します．

余談ですが「教育」という言葉は少し違っていて，「初等教育」は小学校，「中等教育」は中学校と高等学校，「高等教育」は大学以上の教育を意味します．なので「〇〇中等教育学校」を校名にする中高一貫校があります．

映画　プロメテウス

監督・製作　リドリー・スコット　2012 年　20 世紀フォックス

「対気速度 100 ノットに落とせ」
「大気は」
「窒素 71%」
「酸素 21%」
「未知のガスの痕跡あり」
「動力システム停止」
「温度 2.724K」

摂氏温度（セルシウス Celsius 温度 = 単位 °C）は，水の氷点を 0 度，沸点を 100 度とする温度で，日本での気温はこちらがよく使われます．華氏温度（ファーレンハイト Fahrenheit's 温度 = 単位 °F）は，水の氷点を 32 度，沸点を 212 度とする温度です．アメリカのテレビを見ていると華氏温度なので気温 77°F とか出てきますが，これは摂氏温度では

$$C = 5/9 F\ 160/9 = 5/9 \times 77\ 160/9 = 25°C$$

に相当します．逆に摂氏温度で気温 30°C なら，華氏温度での表示は

$$F = 9/5 C + 32 = 9/5 \times 30 + 32 = 86°F$$

となります．このように F と C はお互いに一次関数になっています．

熱力学温度（Thermodynamic Temperature 絶対温度 = 単位 K= ケルビン）は摂氏温度に 273.15 を加えるだけ，すなわち

$$K = C + 273.15$$

となります．したがって，映画の中に出てきた星の温度 2.724K は，

$$C = K - 273.15 = 2.724 - 273.15 = -270.426°C$$

ということになります．

第**4**章

漫画アニメの中の数学

漫画　陰陽師　6 貴人

原作　夢枕　獏　1999 年　白泉社

正五角形の作図

　外側の一番大きな円が一，すなわち太極を意味する．
　中の二つの円は陰と陽の両極．
　一である太極は二である両極を生じ，二である両極から三である物体が生じ，三である物体が万物を生ずる．
　一によりて点であるもの，天が生じ，二によりて平なる面，地が生じ，三によりて立ち上がる体，人が生じる．
　太極の中心を通る垂線を引くことで，四，すなわち四時(しいじ)（循環する季節），つまり時間が生じる．
　垂線と太極の下の接点を中心に，両極の二つの円の上下の線に等しく接する弧を描く．
　この二つの弧と太極との接点と，垂線と，太極の上の接点は，太極を性格に五等分する．
　それらの接点を結ぶと，正五角形，つまりこれは五行，万物の形体の先たる五程の性格を持つ気，木火土金水(もっかどごんすい)になる．

　この文章では難しく感じますが，図のように B を中心とし，中の円に接する弧を描くと AG が正五角形の一辺になります．

第4章　漫画アニメの中の数学

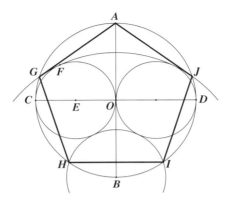

　円に内接するように正多角形を描く場合，一辺の長さを知っておいて，その長さになるように作図します．半径1の円に内接する正n角形の一辺の長さは$2\sin\dfrac{180°}{n}$なので，

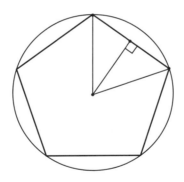

正三角形の一辺は

$$2\sin\dfrac{180°}{3} = 2\sin 60° = 2\cdot\dfrac{\sqrt{3}}{2} = \sqrt{3}$$

正四角形（正方形）の一辺は

$$2\sin\dfrac{180°}{4} = 2\sin 45° = 2\cdot\dfrac{\sqrt{2}}{2} = \sqrt{2}$$

157

正五角形の一辺は急に難しくなって，

$$2\sin\frac{180°}{5} = 2\sin 36° = 2 \cdot \frac{\sqrt{10-2\sqrt{5}}}{4} = \frac{\sqrt{10-2\sqrt{5}}}{2}$$

になります．

　ここで sin36° の値は，$\theta = 36°$ のとき $5\theta = 180°$ で $2\theta = 180°-3\theta$ なので，$\sin 2\theta = \sin 3\theta$ が成り立つことから求めます．

　では AG の長さを確かめてみましょう．

OB=1, OE=$\frac{1}{2}$ だから，△OEB で三平方の定理より，

$$EB = \frac{\sqrt{5}}{2}$$

EB=$\frac{\sqrt{5}}{2}$, EF=$\frac{1}{2}$ より, FB=$\frac{\sqrt{5}+1}{2}$ なので，

$$GB = \frac{\sqrt{5}+1}{2}$$

AB=2, GB=$\frac{\sqrt{5}+1}{2}$ だから，△AGB で三平方の定理より，

$$AG = \frac{\sqrt{10-2\sqrt{5}}}{2}$$

　それにしても，こんなことが平安時代から知られていたということが不思議ですね．

アニメ　金田一少年の事件簿R　第23話

原作　天樹征丸（原案）さとうふみや（漫画）2014年　読売テレビ

無理数の語呂合わせ　立方体の展開図

[第3問]　人並みにおごれやオナゴ．ではオウムがなく山麓はどこ？
[第6問]　サイコロの展開図です．色のついたマスに入る数字を順に並べよ．

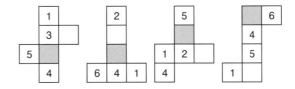

廃墟からの脱出をかけた殺人ゲームの中に出てきた問題で，すべて4ケタの数で答えます．
〈第3問〉　$\sqrt{3}$ の語呂合わせは「人並みにおごれや」の後に「オナゴ」までつけるのは珍しいですね．$\sqrt{5}$ は「富士山麓オウム鳴く」なので正解は2236です．日本で最も有名な語呂合わせといえるでしょう．円周率 π は「産医師異国に向かう……」でかなり長いものが知られています．

ちなみに私が考えた語呂合わせをひとつ紹介しましょう．三角関数の三倍角の公式です．

$$\sin 3\theta = 3\sin\theta - 4\sin^3\theta \quad \text{ミシマヨシミ}$$
$$\cos 3\theta = 4\cos^3\theta - 3\cos\theta \quad \text{ヨコミマサコ}$$

　英語の教科書では，日本の中3で習う平方根の単元が "Radicals and Surds" とか "Radicals (or Surds)" とか表されています．根号＝radical symbol で表示された実数を radicals といい，その中の無理数を surds といいます．たとえば，$\sqrt{3}$ は根号表示された実数 radical でもあり，根号表示された無理数 irrational radicals＝surd でもあります．一方，$\sqrt{4}$ は根号表示された実数 radical ですが，根号表示された無理数 surd ではありません．π は根号表示されない無理数なので，radical でも surd でもありません．

〈第6問〉　サイコロの表裏の数の和は7なので，正解は6532になります．ところで，立方体の展開図（Nets of a Cube）は対称移動や回転移動で同じになるものをひとつとして考えると11種類あることが知られています．こちらは日本の中1の教科書で紹介されますが，11種類あることは2011年に証明されたそうです．ちなみに正四面体の展開図は2種類，正八面体は11種類，正12面体と正20面体では4万3380種類も存在するそうです．

漫画　数学女子　第 1 巻

著作　安田まさえ　2010 年　竹書房

二次形式　係数行列　直交行列　対角化

　K 大学理学部数学科の女子学生が主人公の漫画です．この K は鹿児島大学だそうですが，私も異なる K 大学理学部数学科出身なので，初めは「オッ，これは ?!」と思ってしまいました．

　いきなり表紙に線形代数の主軸変換の問題が描かれています．主軸変換とは，たとえば
$$ax^2 + bxy + cy^2$$
の形を
$$a'x^2 + c'y^2$$
の形に変形すること，つまり二次形式の一般形を標準形に変形することをいいます．グラフでは，
$$ax^2 + bxy + cy^2 = d$$
という二次曲線を回転させて
$$a'x^2 + c'y^2 = d'$$
という二次曲線にすることを意味します．

　この表紙に載っている問題の第 3 問は途中で見えなくなっていましたが，たぶん「標準形を求めよ」ということでしょう．この問題を以下に解いてみました．

理学部　数学科　後期試験　線形代数

[問題] 二次形式 $F(X,Y) = X^2 - 2\sqrt{3}XY - Y^2$ について
(1) 係数行列 A を求めよ.(*40)
(2) A を直交行列で対角化せよ.
(3) $F(X, Y)$ に適当な変換を行い, 標準形を求めよ.

【解答】
(1) 係数行列 A, すなわち次式を満たす行列 A を求めます.

$$^t\!xAx = (x\ y)\begin{pmatrix} a & b \\ c & d \end{pmatrix}\begin{pmatrix} x \\ y \end{pmatrix}$$

$$= (ax+cy\ \ bx+dy)\begin{pmatrix} x \\ y \end{pmatrix}$$

$$= ax^2 + (b+c)xy + dy^2$$

与えられた二次形式の係数より

$$a = 1,\ b+c = -2\sqrt{3},\ d = -1$$

よって係数行列 A は

$$\begin{pmatrix} 1 & -\sqrt{3} \\ -\sqrt{3} & -1 \end{pmatrix}$$

(2) まず係数行列 A の固有値を求めます.

$$\det(A - \lambda E) = \det\begin{pmatrix} 1-\lambda & -\sqrt{3} \\ -\sqrt{3} & -1-\lambda \end{pmatrix} = \lambda^2 - 4$$

よって固有値, すなわち $\lambda^2 - 4 = 0$ の解は

$$\lambda = \pm 2$$

(A) $\lambda = -2$ のとき $\begin{pmatrix} 3 & -\sqrt{3} \\ -\sqrt{3} & 1 \end{pmatrix}\begin{pmatrix} x \\ y \end{pmatrix} = \begin{pmatrix} 0 \\ 0 \end{pmatrix}$ より,

---

(*40) 行列は大文字の太字, ベクトルは小文字の太字で表しています.

$$\sqrt{3}x - y = 0$$

よって大きさ 1 の固有ベクトルは

$$\begin{pmatrix} \dfrac{1}{2} \\ \dfrac{\sqrt{3}}{2} \end{pmatrix}$$

(B) $\lambda=2$ のとき $\begin{pmatrix} -1 & -\sqrt{3} \\ -\sqrt{3} & -3 \end{pmatrix}\begin{pmatrix} x \\ y \end{pmatrix} = \begin{pmatrix} 0 \\ 0 \end{pmatrix}$ より,

$$x + \sqrt{3}y = 0$$

よって大きさ 1 の固有ベクトルは

$$\begin{pmatrix} -\dfrac{\sqrt{3}}{2} \\ \dfrac{1}{2} \end{pmatrix}$$

よって直交行列 $P = \begin{pmatrix} \dfrac{1}{2} & -\dfrac{\sqrt{3}}{2} \\ \dfrac{\sqrt{3}}{2} & \dfrac{1}{2} \end{pmatrix}$ となるので, 対角行列 B は

$$\begin{aligned} P^{-1}AP &= \begin{pmatrix} \dfrac{1}{2} & \dfrac{\sqrt{3}}{2} \\ -\dfrac{\sqrt{3}}{2} & \dfrac{1}{2} \end{pmatrix} \begin{pmatrix} 1 & -\sqrt{3} \\ -\sqrt{3} & -1 \end{pmatrix} \begin{pmatrix} \dfrac{1}{2} & -\dfrac{\sqrt{3}}{2} \\ \dfrac{\sqrt{3}}{2} & \dfrac{1}{2} \end{pmatrix} \\ &= \begin{pmatrix} -1 & -\sqrt{3} \\ -\sqrt{3} & 1 \end{pmatrix} \begin{pmatrix} \dfrac{1}{2} & -\dfrac{\sqrt{3}}{2} \\ \dfrac{\sqrt{3}}{2} & \dfrac{1}{2} \end{pmatrix} \\ &= \begin{pmatrix} -2 & 0 \\ 0 & 2 \end{pmatrix} \end{aligned}$$

(3) 標準形は

$$
\begin{aligned}
{}^t\!xBx &= \begin{pmatrix} x & y \end{pmatrix} \begin{pmatrix} -2 & 0 \\ 0 & 2 \end{pmatrix} \begin{pmatrix} x \\ y \end{pmatrix} \\
&= \begin{pmatrix} -2x & 2y \end{pmatrix} \begin{pmatrix} x \\ y \end{pmatrix} \\
&= -2x^2 + 2y^2
\end{aligned}
$$

以上，何をしたのかというと，元の二次形式 = 1 という双曲線を回転させて標準形 = 1 という双曲線にしたということになります．次の図でいうと，左上右下の双曲線 A を $-60°$ 回転して上下の双曲線 B にしたということになります．

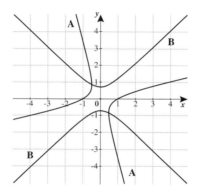

以上を計算で確認してみましょう．回転行列は

$$
\begin{pmatrix} x \\ y \end{pmatrix} = \begin{pmatrix} \cos\theta & -\sin\theta \\ \sin\theta & \cos\theta \end{pmatrix} \begin{pmatrix} X \\ Y \end{pmatrix}
$$

なので，$-60°$ 回転なら

$$
\begin{aligned}
\begin{pmatrix} x \\ y \end{pmatrix} &= \begin{pmatrix} \cos(-60°) & -\sin(-60°) \\ \sin(-60°) & \cos(-60°) \end{pmatrix} \begin{pmatrix} X \\ Y \end{pmatrix} \\
&= \begin{pmatrix} \dfrac{1}{2} & \dfrac{\sqrt{3}}{2} \\ -\dfrac{\sqrt{3}}{2} & \dfrac{1}{2} \end{pmatrix} \begin{pmatrix} X \\ Y \end{pmatrix}
\end{aligned}
$$

$$\begin{pmatrix} X \\ Y \end{pmatrix} = \begin{pmatrix} \dfrac{1}{2} & -\dfrac{\sqrt{3}}{2} \\ \dfrac{\sqrt{3}}{2} & \dfrac{1}{2} \end{pmatrix} \begin{pmatrix} x \\ y \end{pmatrix} = \begin{pmatrix} \dfrac{1}{2}x - \dfrac{\sqrt{3}}{2}y \\ \dfrac{\sqrt{3}}{2}x + \dfrac{1}{2}y \end{pmatrix}$$

もとの二次形式 $F(X,Y) = X^2 - 2\sqrt{3}XY - Y^2$ に代入すると，

$$\left(\frac{1}{2}x - \frac{\sqrt{3}}{2}y\right)^2 - 2\sqrt{3}\left(\frac{1}{2}x - \frac{\sqrt{3}}{2}y\right)\left(\frac{\sqrt{3}}{2}x + \frac{1}{2}y\right) - \left(\frac{\sqrt{3}}{2}x + \frac{1}{2}y\right)^2$$
$$= \left(\frac{1}{4}x^2 - \frac{\sqrt{3}}{2}xy + \frac{3}{4}y^2\right) - 2\sqrt{3}\left(\frac{\sqrt{3}}{4}x^2 - \frac{1}{2}xy - \frac{\sqrt{3}}{4}y^2\right) - \left(\frac{3}{4}x^2 + \frac{\sqrt{3}}{2}xy + \frac{1}{4}y^2\right)$$
$$= -2x^2 + 2y^2$$

これで左上右下の双曲線 A を $-60°$ 回転させると上下の双曲線 B になることが確認できました．

漫画　暗殺教室　第 14 巻

著作　松井優征　2015 年　集英社

立方体の切断　正六角錐　三角錐

数学テスト最終問題

図のように，1 辺 a の立方体が周期的に並び，その各頂点と中心に原子が位置する結晶構造を体心立方格子構造という．Na や K など，アルカリ金属の多くは，体心立方格子構造をとる．体心立方格子構造において，ある原子 A_0 に着目したとき，空間内のすべての点のうち，他のどの原子よりも A_0 に近い点の集合が作る領域を D_0 とする．このとき，D_0 の体積を求めよ．

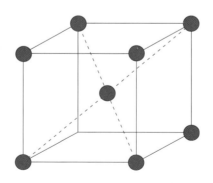

　この漫画に登場する問題は Z 会が監修しているそうです．確かに実在する元素を題材にすれば現実味はありますが，数学の問題としては理解し

にくいですね．まず点 A_0 が立方体の中心でも頂点でも話は同じだということを確認しないと，A_0 を立方体の中心として考えてもいいということが言えません．この問題を分かりやすく言い換えてみました．

「1辺 a の立方体の中心を A_0 とし，頂点を $A_1 \sim A_8$ とする．この立方体を，1辺 $a/2$ の8個の立方体に分割し，それぞれを，A_0 と頂点 An を結ぶ線分の垂直二等分面で切断して残った立体の体積を求めよ．」

赤羽業（あかばねかるま）は計算せずに正解を得ましたが，図のように，分割された1つの立方体は，切り口である正六角形で 1/2 にされていることに気づけば，求める体積も全体の 1/2 になることが容易に分かります．

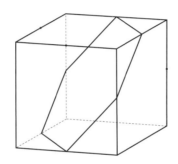

さて勝負に負けた浅野学秀（あさのがくしゅう）の解答です．切り離す立体の図は漫画の中にありましたが，その体積は正六角錐1つと合同な三角錐3つの和になります．その体積を求めて8倍したものを，元の立方体の体積 a^3 から引けば解が得られます．

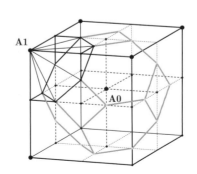

簡単にするために1辺を1とすると，正六角形の1辺は $\frac{\sqrt{2}}{4}$，正六角錐の高さは $\frac{\sqrt{3}}{4}$ になるので，その体積は，

$$\frac{\sqrt{2}}{4} \times \frac{\sqrt{6}}{8} \times \frac{1}{2} \times 6 \times \frac{\sqrt{3}}{4} \times \frac{1}{3} = \frac{3}{64}$$

3つの三角錐の底面は底辺と高さが $\frac{1}{4}$ の直角三角形，三角錐の高さは $\frac{1}{2}$，同じものが3つだから，

$$\frac{1}{4} \times \frac{1}{4} \times \frac{1}{2} \times \frac{1}{2} \times \frac{1}{3} \times 3 = \frac{1}{64}$$

これらの和は

$$\frac{3}{64} + \frac{1}{64} = \frac{1}{16}$$

これを8倍すると

$$\frac{1}{16} \times 8 = \frac{1}{2}$$

したがって，求める体積は

$$\left(1 - \frac{1}{2}\right)a^3 = \frac{1}{2}a^3$$

ということになります．

　このような領域の分け方をボロノイ分割（Voronoi tessellation）といい，平面上では2点を結ぶ線分の垂直二等分線が境界になりますが，この問題では空間内なので2点を結ぶ線分の垂直二等分面が境界になっています．この問題の分割で得られた立体は切頂八面体（truncated octahedron　正方形6枚と正六角形8枚になるように正八面体の各頂点を切り落とした立体）またはケルビン14面体（Kelvin's 14-hedron）といい，空間充填多面体（space-filling polyhedron）の1つとして知られています．

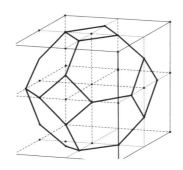

ところで，立方体の切頂なら「切頂六面体」のはずなのに「切頂八面体」と述べましたが，これは頂点から切断面までの辺上の距離 $d(0 \leqq d \leqq a)$ によって残る立体の形も名称も違うからです．

(ア) $d=0$ のとき（$i.e.$ 切頂していないとき）：

正六面体または立方体（cube）正方形 6 枚

(イ) $0<d<\dfrac{a}{2}$ のとき：

14 面体　正三角形 8 枚と八角形 6 枚

そのうち特に $d=\dfrac{2-\sqrt{2}}{2}a$ のとき：

切頂六面体（truncated hexahedron）

正三角形 8 枚と正八角形 6 枚

(ウ) $d=\dfrac{a}{2}$ のとき：

立方八面体（cuboctahedron）　正三角形 8 枚と正方形 6 枚

(エ) $\dfrac{a}{2}<d<a$ のとき：

14 面体　六角形 8 枚と正方形 6 枚

そのうち特に $d=\dfrac{3a}{4}$ のとき：

切頂八面体（ケルビン 14 面体）　正方形 6 枚と正六角形 8 枚

(オ) $d=a$ のとき：

正八面体（regular octahedron） 正三角形 8 枚

逆に（オ）から切頂していくと（ア）になります．

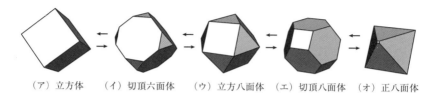

（ア）立方体　（イ）切頂六面体　（ウ）立方八面体　（エ）切頂八面体　（オ）正八面体

アニメ 終物語(オワリモノガタリ)

原作 西尾維新　2015 年　TOKYO MX

オイラーの等式　ラグランジュの恒等式　他多数

　第 1 話の最初にオイラーの等式が話に出ましたが，そのときの画面にはほかにもいろいろな公式や等式が登場しました．

・二次方程式の解の公式
$$x = \frac{-b \pm \sqrt{b^2 - 4ac}}{2a}$$

・二項定理
$$(a+b)^n = \sum_{k=0}^{n} \binom{n}{k} a^{n-k} b^k$$

・正接の加法定理
$$\tan(\alpha + \beta) = \frac{\tan\alpha + \tan\beta}{1 - \tan\alpha \tan\beta}$$

・テイラー級数
$$f(x) = f(a) + f'(a)(x-a) + \frac{f''(a)}{2}(x-a)^2 + \frac{f^{(3)}(a)}{3!}(x-a)^3 + \cdots\cdots$$

・オイラーの等式
$$e^{i\pi} + 1 = 0.$$

・フーリエ級数[*41]

$$f(x) = \frac{a_0}{2} + \sum_{n=1}^{\infty}(a_n \cos nx + b_n \sin nx)$$

テイラー級数が冪級数に近似するのに対して，これは三角関数に近似する公式です．このシーンにはありませんでしたが，係数 a_n, b_n は次の式になります．高校数学Ⅲで三角関数の積分を終了すれば導くことができます．

$$a_n = \frac{1}{\pi}\int_{-\pi}^{\pi} f(t)\cos nt\,dt, \quad b_n = \frac{1}{\pi}\int_{-\pi}^{\pi} f(t)\sin nt\,dt$$

・スターリングの公式[*42]

$$\log n! = n\log n - n + O(\log n) \qquad \text{（自然対数）}$$

大きな自然数の階乗（$n!$）のおおよその値を求める近似公式の対数versionです．O はランダウの記号[*43]（Landau symbol）といい，オミクロンまたはビッグ・オーと読みます．$O(\log n)$ は，「3 項目以降はもっと複雑だけど，n が大きくなるにつれて，増え方が $\log n$ の定数倍と同じようになりますよ」ということを意味しているので，$O(\log n)$ の値は大きくなっていきますが，他の部分がはるかに速く大きくなるので両辺の比の値は 1 に近づいていきます．なので $O(\log n)$ を誤差と考えることができて，n が十分大きいときは，

$$\log n! \fallingdotseq n\log n - n$$

すなわち，

$$n! \fallingdotseq \left(\frac{n}{e}\right)^n$$

(*41) ジャン・バティスト・ジョゼフ・フーリエ（Jean Baptiste Joseph Fourier 1768-1830）

(*42) ジェームス・スターリング（James Stirling 1692-1770）

(*43) エトムント・ゲオルク・ヘルマン・ランダウ（Edmund Georg Hermann Landau 1877-1938）

第4章　漫画アニメの中の数学

となり，この式で階乗を指数関数で近似することができます．

・フレネル積分[*44]

$$\int_{-\infty}^{\infty} \sin x^2 dx = \sqrt{\frac{\pi}{2}}$$

$\sin^2 x$ の積分は高校の数学Ⅲで出てきますが，$\sin x^2$ の積分は複素変数の関数（解析関数）の積分を使わなくては求められません．

・ラグランジュの恒等式[*45]

2つのベクトルの「大きさの平方の積」と「内積の平方と外積の大きさの平方の和」が等しいという式で，

$$\sum a_i^2 \sum b_i^2 = \left(\sum a_i b_i\right)^2 + \sum \left(a_i b_j - a_j b_i\right)^2$$

なのですが，画面にはこの最後の項が $\left(\sum a_i b_j - a_j b_i\right)^2$ と誤った表記になっていました．二次元で考えると，2つのベクトルを $(a, b), (c, d)$ とすれば次の式になって分かり易くなります．

$$(a^2 + b^2)(c^2 + d^2) = (ac + bd)^2 + (ad - bc)^2$$

(*44)　オーギュスタン・ジャン・フレネル（Augustin Jean Fresnel 1788-1827）
(*45)　ジョゼフ＝ルイ・ラグランジュ（Joseph-Louis Lagrange, 1736-1813）

漫画 和算に恋した少女 第2巻

脚本　中川　真　2014年　小学館

天元術　算額

「はああ……　天元術かあ……」
「ごらん律，これが算額だ．自分で考えた問題を額にして神社に奉納するんだよ．父さんの算額はこれだ．答えが書いてないのは『遺題』といってね，『誰か解ける人はいるかい？』って訪ねているんだよ」
「じゃあ，あたしが解く！」
「うん，そうしたらおまえの答えを算額にしてこの隣に掲げなさい．」

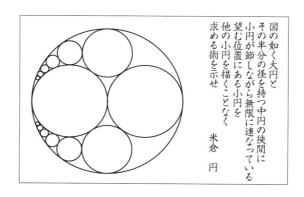

図の如く大円とその半分の径を持つ中円の狭間に小円が節しながら無限に連なっている望む位置にある小円を他の小円を描くことなく求める術を示せ

米倉　円

　江戸時代の数学を和算といいます．天元術とは一言でいうと方程式で問題を解く方法です．これまでに解いた算額の問題は三平方の定理を用いて

円の半径などを求める問題が多かったので，この「父さんの算額」の問題も同じように解けると思ったらこれはかなりの難問でした．

[問題] 図のように大円とその半分の半径をもつ中円の間に小円が接しながら無限に連なっている．任意の小円を他の小円を描くことなく求める方法を示せ．

ネット上に類題があり，①デカルトの円定理を使った解答，②反転法を使った解答が見つかったのですが，どちらも証明なしで定理を使っているので，いまいちすっきりしませんでした．なのでそれらを使わずに解く方法を考えてみました．

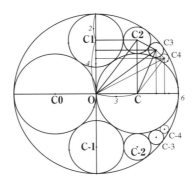

計算を簡単にするため，上図のように左右反転して，大円 O の中心を原点 (0, 0)，半径を 6 とし，中円 C の中心を (3, 0) とすると，中円 C_0 の半径と中心は，

$$r_0 = 3, \quad (a_0, b_0) = (-3, 0)$$

となります．円 C_n の半径を r_n，中心を (a_n, b_n) としましょう．

$C_{n-1}C_n$ を斜辺とする直角三角形で三平方の定理より

$$(a_{n-1} - a_n)^2 + (b_{n-1} - b_n)^2 = (r_{n-1} + r_n)^2 \qquad (1\text{-}n)$$

OC_n を斜辺とする直角三角形で三平方の定理より

$$a_n^2 + b_n^2 = (6-r_n)^2 \qquad (2\text{-}n)$$

CC_n を斜辺とする直角三角形で三平方の定理より

$$(a_n - 3)^2 + b_n^2 = (3+r_n)^2 \qquad (3\text{-}n)$$

以上の式を使って r_4 まで求めて r_n を推測し，数学的帰納法で証明します．

まず r_1 を求めましょう．計算を簡単にするため，この場だけ円 C_1 の中心 $(a_1, b_1)=(a, b)$，半径 $r_1=r$ として計算します．(1-n) で $n=1$ とすると，

$$(-3-a)^2 + (0-b)^2 = (3+r)^2 \qquad (1\text{-}1)$$

(2-n) より，

$$a^2 + b^2 = (6-r)^2 \qquad (2)$$

(3-n) より，

$$(a-3)^2 + b^2 = (3+r)^2 \qquad (3)$$

(2) と (3) から a と b を r で表すと，

$$a = 6-3r, \quad b^2 = 24r - 8r^2 \qquad (4)$$

これらの (2), (3), (4) は添え字 n を省略しただけなので，a, b, r の添え字がどんな整数 n でも成り立ちます．(4) を (1-1) に代入して r についての方程式を解くと $r=2$．これを (4) に代入して $(a, b)=(0, 4)$．すなわち，円 C_1 の半径と中心は次式になります．

$$r_1 = 2, \quad (a_1, b_1) = (0, 4)$$

次に r_2 を求めましょう．計算を簡単にするためにまた同じ文字を使います．この場だけ円 C_2 の中心 $(a_2, b_2) = (a, b)$，半径 $r_2 = r$ として計算します．(1-n) で $n=2$ とすると，

$$(0-a)^2 + (4-b)^2 = (2+r)^2 \qquad (1\text{-}2)$$

同様に (4) を (1-2) に代入して r についての方程式を解くと $r=1, r=3$ と

なりますが，r は 2 より小さいので $r=1$．(1-2) が r_2 の前後の r を求められる式になっているので，もうひとつの解である 3 は r_0 の値になっています．$r=1$ を (4) に代入して $(a, b)=(3, 4)$．すなわち，円 C_2 の半径と中心は次式になります．

$$r_2=1, \quad (a_2, b_2)=(3, 4)$$

次に r_3 を求めましょう．計算を簡単にするためにまた同じ文字を使います．この場だけ円 C_3 の中心 $(a_3, b_3)=(a, b)$，半径 $r_3=r$ として計算します．(1-n) で $n=3$ とすると，

$$(3-a)^2 + (4-b)^2 = (1+r)^2 \tag{1-3}$$

同様に (4) を (1-3) に代入して r についての方程式を解くと $r=6/11$，$r=2$ となりますが，r は 1 より小さいので $r=6/11$．$r=6/11$ を (4) に代入して $(a, b)=(48/11, 36/11)$．すなわち，円 C_3 の半径と中心は次式になります．

$$r_3=6/11, \quad (a_3, b_3)=(48/11, 36/11)$$

次に r_4 を求めましょう．計算を簡単にするためにまた同じ文字を使います．この場だけ円 C_4 の中心 $(a_4, b_4)=(a, b)$，半径 $r_4=r$ として計算します．(1-n) で $n=4$ とすると，

$$\left(\frac{48}{11}-a\right)^2 + \left(\frac{36}{11}-b\right)^2 = \left(\frac{6}{11}+r\right)^2 \tag{1-4}$$

同様に (4) を (1-4) に代入して r についての方程式を解くと $r=1/3$，$r=1$ となりますが，r は $6/11$ より小さいので $r=1/3$．$r=1/3$ を (4) に代入して $(a, b)=(5, 8/3)$．すなわち，円 C4 の半径と中心は

$$r_4=1/3, \quad (a_4, b_4)=(5, 8/3)$$

になります．

ここで求めた r_n を並べてみると，**2, 1, 6/11, 1/3**, $\cdots$
分子を 6 にそろえると，6/3, 6/6, 6/11, 6/18, $\cdots$

分母だけ見ると，3, 6, 11, 18, $\cdots$
この階差数列は，3, 5, 7, $\cdots$ となり，その第 k 項は $2k+1$ と推測できるので，分母の第 n 項は

$$3 + \sum_{k=1}^{n-1}(2k+1) = n^2 + 2$$

したがって円 C_n の半径は次式になると推測できます．

$$r_n = \frac{6}{n^2 + 2} \tag{5}$$

あとは数学的帰納法で

$$r_{n+1} = \frac{6}{(n+1)^2 + 2} = \frac{6}{n^2 + 2n + 3} \tag{6}$$

が成り立つことを示せば OK です．

 (4) の添え字を n と $n-1$ にしたものを (1-n) に代入して整理すると（少し計算が大変ですが）次式を得ます．

$$12(r_{n+1} - r_n)^2 + 3r_n^2 r_{n+1}^2 - 4r_n r_{n+1}(r_n + r_{n+1}) = 0$$

 これに (5) を代入して整理し，(6) を得られると終了なのですが，この計算もさらに大変なので，WolframAlpha にしてもらいました（$r_n=x$, $r_{n+1}=y$ として計算しています）．

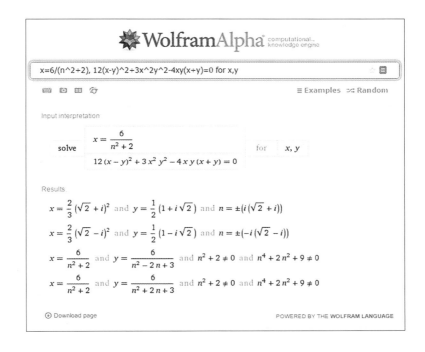

これで (5) が正しいことが分かったので, これを (4) に代入すると

$$a_n = \frac{6(n^2-1)}{n^2+2}, \quad b_n = \frac{12n}{n^2+2}$$

となります.

以上まとめると, 円 C_n の半径と中心は次式になります.

$$r_n = \frac{6}{n^2+2}, \quad (a_n, b_n) = \left(\frac{6(n^2-1)}{n^2+2}, \frac{12n}{n^2+2} \right) \tag{7}$$

さらに (7) の n に 0 と負の整数を代入しても成り立ちますから, 円 C の周りのすべての円の半径と中心が求められたことになります. 確かに $n \to \pm\infty$ のとき, 半径は 0 に, 中心の座標は (6,0) に近づいていくことが分かります. これで,「望む位置にある小円を他の小円を描くことなく求める術」を示すことができました.

Column 4　漫画アニメ編

アニメ　焼きたて!!ジャぱん　第40話

原作　橋口たかし　2005年　テレビ東京

　2001年から2007年まで週刊少年サンデーに連載された料理・グルメ漫画.
　ピエロが暗号を作るため地面に26進法で
$$13\times26^7 + 1\times26^6 + 13\times26^5 + 1\times26^4 + 4\times26^3 + 15\times26^2 + 11\times26 + 15$$
という計算したはずですが，アニメの中でに実際に出てきた計算は，次のようになっていました．
$$(13\times26)^7 + (1\times26)^6 + (13\times26)^5 + (1\times26)^6 + (4\times26)^4 + (15\times26)^2 + 11\times26 + 15$$
括弧は不要なうえに指数も間違っています．アニメを制作する人が「13掛ける26の7乗」は「13に26の7乗を掛ける」べきところを，「13×26を7乗する」と解釈してしまったのでしょう．制作段階で最後にチェックを入れてほしかったですね．

アニメ　ロザリオとバンパイア　第8話 数学とバンパイア

原作　池田晃久　2008年　TOKYO MX 他

　主人公の月音(つくね)は人間で，他の生徒や教員は妖怪という学校が舞台のアニメです．数学の授業の板書や同級生のノートは文字も図も数式も驚くほどきれいに書かれています．どうしても数学の内容に目が行ってしまうのですが，月音のノートに書かれた対数の計算は間違いだらけでした．数学の問題集の解答を書き写してミスしたものと思われます．アニメといえども数式に間違いがないようにしてほしいですね．

Column 4　漫画アニメ編

アニメ　けいおん！

原作　かきふらい　2009 年　TBS

　高校の軽音楽部を舞台にしたアニメ．バンド「放課後ティータイム」のリードボーカル平沢唯は数学が苦手のようです．

　　1 学期　中間考査　数学 I
　　1 年 3 組　平沢唯　12 点/100 点
　　4. 次の式を因数分解せよ．
　　（1）　$x^2+13x+30$
　　　　　　$x \times x + 13 \times x + 30$　（誤答）
　　（2）　$2x^2+7x+3$
　　　　　　$2 \times x \times x + 7 \times x + 3$　（誤答）
　　（3）　$x^2+xy+4x-2y^2+5y+3$
　　　　　　$x \times x$　（誤答）

　（1）は中学生でも解ける基本問題．（2）は高校で習ういわゆる「たすきがけ」の問題．（3）は少し難しい応用問題．この誤答は積の記号 × を省略せずに書き換えただけで，因数分解の意味はまったくわかっていませんね．さぞかし数学の時間は退屈なことでしょう．でも，数学ができなくても楽しい高校生活を送っているようです．
正解　（1）　$(x+3)(x+10)$
　　　（2）　$(x+3)(2x+1)$
　　　（3）　$(x+2y+1)(xy+3)$

アニメ　デュラララ!!×2 承　第 6 話

原作　成田良悟　2015 年　池袋ダラーズ

　ロシア人女性の殺し屋ヴァローナが，まるで雑誌をめくるようにあの難しい解析概論を読みながら，13 がなぜ不吉な数と言われるのかを説明していました．

諸説存在します．最後の晩餐，ユダの座った 13 番目の席が有名．ただし，キリスト教だけが原典にあらず．

北欧の神々の伝承，12 人の神による調和，13 番目に現れたロキが調和を乱した．

古代，12 進法を使っていた国々，13 番目は 12 の調和を破壊，忌み数字．

1, 2, 3, 4, 6, 12 と約数の多い 12 は調和を意味する数とされていたため，その 12 に 1 を加えた素数 13 は調和を乱すと考えられていたようです．この 13 は忌み数または忌み数字，英語では baker's dozen, devil's dozen, witch's dozen とも呼ばれています．

ヴァローナが読んでいた『解析概論』は，日本の数学界ではバイブルともいえる本で，日本の世界的数学者である高木貞二が書いたものです．大学の理系の教科書としてよく使われていて，第 1 版は 1938 年発行，私は 1975 年の第 17 刷を持っています．このアニメのようにとてもペラペラとめくりながら読める本ではありません．表紙が緑色がかっていたので，改訂第 3 版軽装版だと思われます．

第5章

その他のマスメディア
の中の数学

NEWS 史上最大の素数発見 1742万5170桁

2013/2/8 日本経済新聞

素数 桁数の求め方

【ワシントン共同】米セントラルミズーリ大の数学者グループが史上最大の素数を発見した．今回見つかったのは2の5788万5161乗から1を引いた数で，1742万5170桁に上る巨大な数．

$$2^{57885161}-1$$

2のn乗引く1，すなわち2^n-1という形の数を「メルセンヌ数」と呼び，そのうち素数になるものを「メルセンヌ素数」といいます．桁数は映画「プルーフ・オブ・マイ・ライフ」でも計算しましたが，高校の指数・対数の知識で簡単に計算できます．-1 をしなくても桁数は変わらないので，2^5788万5161 の桁数を求めましょう．[*46] 常用対数をとってその値を計算すると，

$$\log(2^{5788万5161})=5788万5161\times\log2$$
$$=1742万5169.76\cdots$$

となり，指数の形にすると，

$$10^{1742万5169} < 2^{5788万5161} < 10^{1742万5170}$$

[*46] 2^5788万5161=2の5788万5161乗

例えばある整数 x が次の不等式を満たす場合，
$$10^2 \leq x < 10^3$$
x は 3 桁になりますから，同様に右辺の指数をとって 1742 万 5170 桁ということになります．

　素数で検索していたら，「少女素数」という漫画があることを知ってびっくりしました．調べてみると，作者のツイッターに「少女素数は数学漫画ではないので，あしからずご了承くださいますようお願いいたします．」と書かれてありました（笑）．

NEWS　過去最大の素数発見　2233 万 8618 桁
朝日新聞デジタル 2016 年 1 月 24 日

　米セントラルミズーリ大は 21 日，1 とその数自身以外では割りきれない素数を研究している同大のカーチス・クーパー教授（計算機科学）が，過去最大となる約 2233 万桁の素数を発見したと発表した．これまでより約 500 万桁大きい．

$$2^{74207281} - 1$$

自分で桁数を計算して確かめてみてください．以下のサイトでは，メルセンヌ素数以外に，双子素数，階乗素数，素数階乗素数，ソフィー・ジェルマン素数などの最大素数も紹介されています．

The Largest Known Primes
https://primes.utm.edu/largest.html

> # NEWS　日米解けるか"四次方程式"
> 12日からTPP首席交渉官会合
>
> 2014/5/11　産経新聞

連立方程式　四次方程式

(1) 関税率 (2) 期間 (3) 緊急制限 (4) 特別枠
日米など12カ国が参加する環太平洋戦略的経済連携協定（TPP）交渉の首席交渉官会合が12〜15日，ベトナム・ホーチミンで開かれる．続く19〜20日にはシンガポールで閣僚会合が予定されており，交渉は大きな山場を迎える．牛・豚肉など重要農産品5分野の関税の扱いで対立してきた日米両政府は，関税率などの4条件を同時決着させる方針．一方，新興国も参加する今回の交渉は知的財産権の問題なども焦点で，複雑な"連立方程式"を解くような協議となりそうだ．
（中略）
交渉筋によると，重要5分野について (1) 関税率をどこまで下げるか (2) 引き下げにかける期間 (3) 輸入が急増した際に関税率引き上げを可能にする「特別緊急輸入制限（セーフガード）」の設定 (4) 低関税率の特別輸入枠の設定－という"四次方程式"から1つの解を導き，両国の妥結を図る方針で一致したという．

始めに「連立方程式」といっておいて最後に「四次方程式」というのはおかしいですね．内容から考えると，関連する4つの問題を解決しようとしているので，「四次方程式」ではなく「四元連立方程式」のほうが適すると思います．

代数方程式の解法にはおもしろい歴史があります．
- 二次方程式の解の公式発見　9世紀　フワーリズミー[*47]（アラビア）
- 三次方程式の解の公式発見　16世紀　フォンタナ（イタリア）
- 三次方程式の解の公式公表　16世紀　カルダノ（イタリア）
- 四次方程式の解の公式発見　16世紀　フェラーリ[*48]（イタリア）
- 五次以上の方程式に解の公式がないことを証明　19世紀　アーベル[*49]（ノルウェー）
- 五次以上の方程式が解をもつ条件　19世紀　ガロア（フランス）

　カルダノはフォンタナをだまして三次方程式の解法を聞きだし，自分の著書で公表しました．フォンタナには可哀そうですが，三次方程式の解の公式は「カルダノの公式」と呼ばれています．

　アーベルが五次以上の方程式は一般に代数的には解けない（冪根と四則演算だけで書ける解の公式が存在しない）ことを証明した後，ガロアはどんな場合に与えられた方程式が代数的な解をもつのかを明らかにしました．内容が難しすぎて，死後14年も経ってからその業績が注目されたそうです．

(*47)　アル-フワーリズミー（al-Khuwārizmī 780or800-845or850）

(*48)　ルドヴィコ・フェラーリ（Ludovico Ferrari 1522-1565）

(*49)　ニールス・ヘンリック・アーベル（Niels Henrik Abel 1802-1829）

エッセイ　思考の整理学

著作　外山滋比古　1986 年　筑摩書房

ガウス　ニュートン　アルキメデス

この本には世界三大数学者が全員登場します．

　　　ガウス　　　　　　ニュートン　　　　　アルキメデス

　ガウスという大数学者がいた．ある発見をした記録の用紙に「1835 年 1 月 23 日朝 7 時，起床前に発見」などと書きいれた．

　ガウスは，1796 年 3 月 30 日朝，目が覚めた時に正 17 角形がコンパスと定規で作図できることを発見したということが有名なので，そのことだと思ったら年月日が違いました．1835 年の発見が何か気になったので調べてみると，それはガウスの法則（Gauss' law）という，電磁気学における電荷と電場の関係をあらわす方程式だということが分かりました．

　この本では中国の欧陽脩が述べた「三上＝考えがよく浮かぶ 3 つの場所」

すなわち「枕上，馬上，厠上」を紹介しています．ガウスは（朝の）「枕上」の例ということになります．「馬上」は「乗り物に乗っている時」「厠上」は「便所の中」です．

　日本の高校の教科書に登場するだけでもガウスの名を冠するものはいろいろありますね．

　　ガウス記号＝実数 x に対して x 以下の最大の整数（床関数という）
　　ガウス平面＝複素数平面
　　ガウス分布＝正規分布
　　ガウス関数＝正規分布関数

　万有引力のニュートンは次のように言ったと伝えられている．
　「世間では私のことをどう思っているか知らないが，自分では，自分のことを浜辺で遊んでいる子供みたいだと思っている．時々珍しい小石や貝を見つけて喜んでいるが，向こうにはまったく未知の真理の大海が横たわっているのだ.」

　ニュートンは万有引力で有名ですが，数学ではライプニッツ[*50]と並んで微積分法の発見者として知られています．ライプニッツとは同時代に生きていて，どちらの発見が早かったのかかなりの論争があったようですが，結局それぞれが独立に発見したことになっています．また，高校数学で登場する二項定理の指数を整数から実数へ一般化したことでも知られています．

　ギリシャのアルキメデスが，比重の原理を発見したときにユーリーカと叫んだといわれる．伝説によると，入浴中に思いついたことになっている．

　「ユーリーカ（＝Eureka）」は「分かったぞ」という意味です．この本ではさらに「三中＝いい考えの浮かぶ状態」として「無我夢中，散歩中，

[*50]　ゴットフリート・ヴィルヘルム・ライプニッツ（Gottfried Wilhelm Leibniz 1646-1716）

入浴中」を紹介しています．この場合は「入浴中」の例ですね．
　アルキメデスは正 96 角形を用いて円周率を計算し，22/7（約 3.1429）＜π＜223/71（約 3.1408）であることを発見したことが有名です．海外では 7 月 22 日は円周率近似値の日と呼ばれていますが，もちろん 3 月 14 日の方が円周率の日（**PI Day**）として更に広く認知されています．

　ちなみにこの本の帯には，「東大，京大で一番読まれた本」と書かれてありましたが，阪大の生協書籍部では「阪大で一番読まれた本」と書かれてあったそうです．

お笑い　算数の文章題

芸人　タブレット純　2015年

速さ・時間・距離

　和也くんは，午後3時10分に時速4キロの速さで家を出発しました．信号もない一本道を歩き続けましたが，1時間20分歩いたところで忘れ物に気づき，回れ右して家に戻りました．家にいた彼のお兄さんは，午後4時ちょうどに和也くんの忘れ物に気づき，届けてあげようと時速2キロで出発しました．二人は何時何分に出会うでしょうか．

　算数の文章題は，ありそうで実はあり得ないような問題が確かに多いですね．ツッコミどころ満載なので，お笑いネタにするのはいいアイデアだと思います．この問題のツッコミどころはこんな感じでしょうか．
- 人が長時間ずっと等速で歩くという前提自体が実際にはあり得ない．
- 普通，家の周りにずっと信号のないような一本道はない．
- 忘れ物が何なのか気になる．
- わざわざ「回れ右」しなくても向きを変えられる．
- 時速2kmで追いかけるのはあまりにも遅すぎる．弟が気づいて引き返さなければいつまでも追いつけない．

　ではこの問題を解いてみましょう．小学生はまだ一次関数を習っていないので，まずその前提で解きます．和也くんが忘れ物に気づいたのは出発して1時間20分後=4/3時間後なので，家から4×(4/3)=16/3kmの地

点にいます．そのときの時刻は午後4時30分ですが，兄は出発して30分=1/2時間経っているので，家から2×(1/2)=1kmの地点にいます．その距離の差を2人の速さの和で割ると出会うまでの時間が求められます．(16/3−1)÷6=13/18時間後=43分20秒後なので，出会う時刻は午後5時13分20秒ということになります．

　ついでに中学2年生の練習問題として一次関数を使って解いてみましょう．出発してからの時間を x, 家からの距離を y とします．和也くんが戻るときを表すグラフは，時速 −4km で (8/3, 0) を通ることから $y=4x+32/3$ (式①). 兄の動きを表すグラフは，時速 2km で (5/6, 0) を通ることから $y=2x−5/3$ (式②). ①②の連立方程式を解くと $x=37/18$. 午後3時10分の37/18時間後=2時間3分20秒後なので，出会う時刻は午後5時13分20秒ということになります．分かり易いようにグラフも描いてみました．

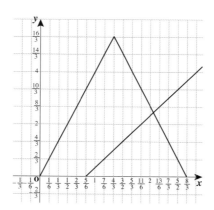

Column 5 その他のマスメディア編

啓蒙書　指数・対数のはなし

著作　森　毅　2006年　東京図書

　数学の本なので，数学の話題なのは当たり前なのですが，逆にその中の雑談が興味深いことがあります．

　　死んだ小針晛宏は

$$e^{i\pi}=-1$$

という式が好きだった．数字の謎みたいな

$$e=2.71828......$$
$$\pi=3.14159......$$

が虚数と組みあわさったとたんに，-1になってしまうところが，不思議大魔術みたいだとさかんに感心していた．たしかに，そう言われてみると，これはスゴイ式である．

　この本の第1刷は1989年ですから，『博士の愛した数式』（小川洋子著 2003年）よりもだいぶ前のことになります．小針晛宏（こはりあきひろ）(1931-1971) は京都大学助教授でしたが，在任中に若くして亡くなりました．オイラーの等式が好きな博士で活字に登場した最初の人かも知れません．

バラエティー　COOL JAPAN

発掘！　かっこいいニッポン「数字」2011年　NHK

　日本では使われる数字が複数あり，アラビア数字，漢数字，ローマ数字

があります．暗算の速さやご祝儀の金額から神社のお賽銭まで，数字にこだわる日本人はcoolなのでしょうか．この場合の"cool"は「冷たい」とか「涼しい」という意味ではなく，「すごい」とか「かっこいい」とかいうような意味で，外国人から見て日本の良いところをあらためて注目しようという番組です．

この中に，"FOIL"という言葉が出てきました．日本の数学の教科書には見られませんが，英語圏の教科書にはよく見られます．式の展開をするときに，例えば，

$$(x+2)(x+3) = x^2+3x+2x+6$$

としますが，x^2は最初の積（First），$3x$は外側どうしの積（Outer），$2x$は内側どうしの積（Inner），6は最後の積（Last）なのでそれらの頭文字をとって"FOIL Method"というわけです．

ほかにも日本では聞きなれない数学の言葉として，九九を表にしたもの＝Times Table，円周率＝Rudolf Number，二次方程式の解の公式＝Midnight Formula，たすきがけの因数分解＝Crisscross Methodなどがあります．

参考文献と参考サイト

- 『解析概論』高木貞二,岩波書店,1983年.
- 『数学入門』(岩波新書)遠山啓,岩波書店.(上・下 1959,1960)
- 『初等応用解析』高橋健人,サイエンス社,1971年.
- 『x の x 乗のはなし(はじめよう数学)』土基善文著,上野健爾・高橋陽一郎・浪川幸彦編,日本評論社,2002年.
- 「和算で遊ぼう! ——江戸時代の庶民の娯楽」佐藤健一,かんき出版,2005年.
- 「空気抵抗を加味した放物運動」梅津健一郎,茨城大学,2013年.
- 「情報教育の視点から見た和算に関する考察」菊地章・井出健治『鳴門教育大学情報教育ジャーナル』第5巻,2008年.
- 「10 進円周率の世界記録の結果抜粋」金田康正,東京大学,2002年.
- 「円周率2兆5769億8037万桁計算の結果について」高橋大介,筑波大学,2009年.
- 「切頂立方体の計量」佐藤郁郎,コラム「閑話休題」.
- IAAF Track and Field Facilities Manual 2008 Edition (International Association of Athletics Federations = IAAF)
- Centroids and centers of mass (The University of Pennsylvania = UPENN)
- WolframAlpha: Computational Knowledge Engine (https://www.wolframalpha.com)
- Wolfram MathWorld (http://mathworld.wolfram.com)
- Wikipedia (https://www.wikipedia.org)
- The Largest Known Primes (The University of Tennessee at Martin = UT Martin)
- The On-Line Encyclopedia of Integer Sequences = OEIS (https://oeis.org/)

作品名一覧（掲載順）

1	小説	博士の愛した数式
2	小説	ダ・ビンチ・コード
3	小説	容疑者Xの献身
4	小説	数学的にありえない
5	小説	天地明察
6	小説	陽気なギャングが地球を回す
7	小説	φは壊れたね
8	小説	マスカレード・ホテル
9	小説	左京区七夕通東入ル
10	小説	浜村渚の計算ノート
11	小説	陽気なギャングの日常と襲撃
12	小説	お任せ！数学屋さん
13	小説	風が強く吹いている
14	小説	永遠の０（ゼロ）
15	小説	アイアンマン——トライアスロンにかけた17歳の青春
16	小説	暗号解読
17	小説	1Q84
18	小説	神様のカルテ
19	小説	BORN TO RUN 走るために生まれた
20	ドラマ	ガリレオ
21	ドラマ	チーム・バチスタ３「アリアドネの弾丸」
22	ドラマ	水戸黄門「難問ぞろいの算術対決」
23	ドラマ	古畑任三郎「笑うカンガルー」
24	ドラマ	数学女子学園
25	ドラマ	梅ちゃん先生
26	ドラマ	リッチマン，プアウーマン
27	ドラマ	高校入試
28	ドラマ	ビブリア古書堂の事件手帖

作品名一覧（掲載順）

29	ドラマ	イタズラな Kiss
30	ドラマ	SPEC〜零〜（スペック・ゼロ）
31	ドラマ	ハード・ナッツ！
32	ドラマ	名探偵・神津恭介〜影なき女〜
33	ドラマ	浅見光彦シリーズ「不等辺三角形」
34	ドラマ	すべてがFになる
35	ドラマ	スペシャリスト3
36	ドラマ	デート〜恋とはどんなものかしら〜
37	ドラマ	ドラゴン桜
38	ドラマ	雪の女王
39	ドラマ	チープ・フライト
40	ドラマ	35歳の高校生
41	映画	おもひでぽろぽろ
42	映画	プルーフ・オブ・マイ・ライフ
43	映画	ダ・ビンチ・コード
44	映画	サマー・ウォーズ
45	映画	スパイアニマル・Gフォース
46	映画	カイジ 人生逆転ゲーム
47	映画	猿の惑星：創世記（ジェネシス）
48	映画	武士の家計簿
49	映画	天地明察
50	映画	容疑者Xの献身
51	映画	真夏の方程式
52	映画	イミテーションゲーム／エニグマと天才数学者の秘密
53	映画	ルパン三世（実写版）
54	映画	ST 赤と白の捜査
55	映画	博士の愛した数式
56	映画	The Social Network
57	映画	コクリコ坂から
58	映画	プロメテウス
59	漫画	陰陽師
60	アニメ	金田一少年の事件簿R

61	漫画	数学女子
62	漫画	暗殺教室
63	アニメ	終物語（オワリモノガタリ）
64	漫画	和算に恋した少女
65	アニメ	焼きたて!!ジャぱん
66	アニメ	ロザリオとバンパイア
67	アニメ	けいおん！
68	アニメ	デュラララ!!×2承
69	NEWS	史上最大の素数発見
70	NEWS	日米解けるか"四次方程式" TPP首席交渉官会合
71	エッセイ	思考の整理学
72	歌詞	"Math Song" by One Direction
73	お笑い	算数の文章題
74	啓蒙書	指数・対数のはなし
75	バラエティー	COOL JAPAN 発掘！かっこいいニッポン

おわりに

　冒頭で,「自分の知らない数学の話題や問題が登場したとき,その内容や背景,解き方や正解を知ることができれば,その作品をより一層楽しむことができたといえるのではないでしょうか」と書きました.この本はその一助となるために解説してきたつもりなのですが,著者自身も楽しむことができたように思います.読者の中には,読んでいてまた新たに疑問が生じたという人もいるでしょう.それもなんとかして解決することで,その過程をまた楽しんでいただけたらと思います.

　紹介した作品の中で印象に残るものをあげるとすれば,まずドラマ「水戸黄門」です.この中に出てきた最後の問題は何度も計算し直しました.正しい計算をしているはずなのに,なかなか正解が得られなかったからです.ドラマの中での出題が間違っていたと分かるまでが長かったので,解決した時は本当にすっきりしました.いつもは黄門様の身分を知らされた人々が一斉にひれ伏す場面を楽しみにするというワンパターンの見方しかしなかったのですが,このときばかりは録画していた映像を何度も再生し,細かいシーンまでチェックしました.おかげで漢文のような「有奇(あまりわずか)」なんていう読み方も知ることができました.

　こんな作品に数学が出てきたよと人から教えられたものもいくつかあります.そのひとつのドラマ「イタズラなKiss」は日本版,台湾版,韓国版があり,それぞれが同じような話での連続テレビドラマなので,とても全編を観る気は起らず,そんな時間もありませんでした.ただ,それぞれが同じシーンで異なる数学の問題を扱っていたのは興味深かったです.また,自分から進んで観ることは絶対ないような作品の中に「数学の話題がありましたよ」と中学生や高校生から教えられたこともありました.「暗殺教室」や「終物語(オワリモノガタリ)」などがそうです.作画クオリティが高く,登場した数学についても面白い問題や話題がありました.

　アニメ「デュラララ!!×2承」にあの『解析概論』(高木貞二著)が登場したことをネットで偶然知ったときは,驚いたというよりも嬉しかったですね.そこまでしなくても……と思うほど,内容がよくわかるように細か

く描かれていたので，思わずそのページが原作のどの部分だったのか調べてしまいました．P.16-17をめくって24-25，28-29をめくって30-31，144-145をめくって304-305をめくって328-329でした．次々とめくっているのにページが飛んでいるというツッコミどころはありますが，本物に忠実に描写されているのに感心しました．

さてこの本のタイトルは，作品の種類をなるべく多く表現しようとして，はじめは「小説ドラマ映画漫画アニメの中の数学」という長いものにしていたのですが，なくてもいいのに英語でのタイトルを"Mathematics in Mass Media"としたため，編集者の方から変更のご提案をいただき，このようなすっきりとしたタイトルにすることになりました．マスメディアというと新聞，雑誌，テレビ，ラジオ，インターネットというイメージですが，広義では映画や書籍なども含むそうです．

2015年6月に出版が決まってから，かなり大幅に加筆・修正をしています．何回も読み返して，説明不足と思ったところはできる限り詳しく書き直しました．中には没になった話題もありますし，間違いを訂正したものもありますが，元のブログの方はそのままです．読者の方に，「この話題は本にはないですね」とか「ここは間違ったままですね」などのコメントをいただけると嬉しいです．

最後にこの場をお借りして，この本の原稿の数学の部分をチェックしてくださった関西学院大学理工学部の浅野考平先生に深く感謝申し上げます．

2016年10月

著者

【著者略歴】

馬場 博史（ばば・ひろし）

神戸大学理学部数学科卒．関西学院千里国際中等部高等部数学科教諭．同キャンパスに併設の関西学院大阪インターナショナルスクール（国際バカロレア認定校）の数学教育を研究，2007年より選択科目「国際バカロレア数学抜粋」を開講．教科外ではトライアスロンクラブ顧問．著書『国際バカロレアの数学——世界標準の高校数学とは』松柏社，2016年．

マスメディアの中の数学
小説・ドラマ・映画・漫画・アニメを解析する

2017年1月10日初版第一刷発行

著　者	馬場博史	
発行者	田中きく代	
発行所	関西学院大学出版会	
所在地	〒662-0891	
	兵庫県西宮市上ケ原一番町1-155	
電　話	0798-53-7002	
印　刷	協和印刷株式会社	

©2017 Hiroshi Baba
Printed in Japan by Kwansei Gakuin University Press
ISBN 978-4-86283-231-3
乱丁・落丁本はお取り替えいたします．
本書の全部または一部を無断で複写・複製することを禁じます．